화훼장식의
이론과 실제

화훼장식의 이론과 실제

장정은 · 이창희 · 이규민 지음

이담 Books

Chapter 6. 꽃다발

Chapter 7. 신부부케

Chapter 8. 코사지

Chapter 9. 꽃바구니

Chapter 10. 리스 & 갈런드 & 입식화환

Chapter 11. 건조화

Chapter 12. 압화

Chapter 13. 그린인테리어(분식물장식)

Chapter 14. 장소별 화훼장식

Chapter 15. 화훼산업

Chapter 16. 식물도감

Chapter 1
화훼장식의 의의

1. 화훼장식의 뜻과 분류

화훼장식이란

원예는 '울타리 원(園)'과 '심을 예(藝)'로서 어원적으로 보면 '담이나 울타리가 있는 땅 안에서 식물을 재배하는 것'을 의미한다. 일반인에게 원예는 채소, 과수, 화초, 먹을거리, 비닐하우스, 농부 등으로 생각되어진다. 오늘날 원예는 삶의 질을 향상시키고 개개인의 욕구를 충족시켜 줄 수 있는 또 다른 원예생산물과 서비스로 요구되고 있다. 이러한 새로운 욕구는 소비자를 위한 원예로 관광원예, 관상원예, 야생화원예, 실내원예, 옥상원예, 베란다원예, 주택원예, 아이디어 원예, 취미원예, 생활원예 등으로 다양화되고 있다.

화훼(花卉, flower and plant)란 관상식물이라고도 하며 관상가치가 있는 모든 초본식물과 목본식물을 의미한다. 화훼의 '花'는 꽃을 의미하고 '卉'는 꽃의 배경을 이루는 푸른 바탕이라는 뜻이다. 식물체의 꽃, 열매, 줄기, 잎, 형태, 향기, 색채 등을 관상으로 절화(Cut flower), 분식물(Potted Plant), 정원 식물(Garden Plant) 등이 있다.

화훼장식(花卉裝飾, floral and plant design)이란 식물을 주소재로 인간의 창의력과 표현능력을 이용하여 공간의 기능과 미적 효율성을 높이고 그것을 유지·관리하는 것으로 정의될 수 있다. 즉, 채소, 과수, 화훼생산물을 이용하여 생활공간을 아름다운 형태로 장식하는 것이다. 일반적인 개념은 원예류를 이용해서 목적에 맞도록 공간을 아름답게 꾸미는 작업을 말한다. 예술적인 개념으로는 자신의 작품세계를 추구하기 위해 실용성이나 대중성과 무관하게 예술성을 강조하는 것으로 판매보다는 전시에 비중을 둔다. 상업적 인식은 판매를 목적으로 장식품을 제작하는 것으로 예술적인 가치보다는 실용성과 대중성을 중요시하는 것으로 이용되고 있다.

- 원예적 의미: 장식원예, 실내원예, 화훼장식, 화훼디자인, 꽃꽂이 등
- 디자인적 의미: 꽃예술, 화예디자인, 플라워디자인, 플로랄 아트 등

화훼장식의 분류

화훼식물을 이용하여 장식물의 배치공간이나 목적에 따라 실내외 장식으로 공간을 나눌 수 있으며 절화 장식, 분식물 장식, 정원, 화단, 그린인테리어, 건조화, 압화, 프리저브드 플라워 등이 포함된다.

실내장식

실내공간의 크기, 용도, 목적, 환경조건, 의뢰인의 취향 등에 따라 실내공간에 장식물을 표현하는 것을 말한다. 용도에 따라 소재의 크기, 형태, 디자인 등이 생활공간 장식용, 축하용, 행사용, 결혼식과 장례식, 디스플레이용, 전시회용으로 나뉠 수 있다. 상황과 목적에 따라 장식의 형태가 달라지기도 하며 분식물을 이용한 그린인테리어의 형태인 디시가든, 테라리움, 수경재배, 걸이분, 토피어리와 꽃장식인 꽃다발, 리스, 건조화, 압화 등 장소와 형태에 따라 매우 다양하게 이루어지고 있다.

실외장식

건물의 외부장소에 정원을 조성하거나 창문, 현관 앞, 베란다, 발코니와 테라스, 패티오, 옥상 등의 공간에 식물을 심어 감상하는 것이다.

- 발코니(balcony), 베란다(veranda) 정원: 옥외로 돌출되어 있는 공간에 유리벽이나 지붕을 둘러 실내공간의 연장으로 이용되기도 하며 분식물을 배치하거나 플랜터를 이용한 작은 정원의 형태이다.
- 테라스(terrace), 패티오(patio) 정원: 실내에서 직접 밖으로 나갈 수 있도록 방의 앞면으로 가로나 정원에 연결된 공간으로 휴식과 식사를 위한 공간에 식물을 배치하여 조성한다.
- 옥상정원: 건물의 옥상에 식물을 식재하여 조성되는 정원으로 옥상에 설치된 플랜터에 식물을 식재하거나 다양한 형태의 정원을 형성한다.

화훼장식의 범위

채소, 과수, 화훼생산물을 이용한 장식으로 생활 속에서 생활공간을 아름다운 형태로 장식하는 의미로 공통점과 차이점을 가지고 있다. 일반적 인식으로 원예류를 이용해서 목적에 맞도록 공간을 아름답게 꾸미는 작업과 예술적 인식으로 자신의 작품세계를 추구하기 위해 실용성이나 대중성과 무관하게 예술성을 강조하는 것으로 판매보다는 전시에 비중을 두기도 한다.

알아두기

■ 화훼(花卉, flower and plant)란

관상식물이라고도 하며 관상가치가 있는 모든 초본식물과 목본식물을 의미한다.
화훼의 '花'는 꽃을 의미하고 '卉'는 꽃의 배경을 이루는 푸른 바탕이라는 뜻으로 배경과 함께 조화가 잘 이루어진 꽃으로 절화(Cut flower), 분식물(Potted Plant), 정원 식물(Garden Plant) 등이 있다.

절화

분식물

정원 식물

■ 채소(菜蔬, vegetables)

신선한 상태로 부식(副食) 또는 간식에 이용되는 초본성의 재배식물이다. 일반적으로 수분이 많으며 저장이 곤란한 것이 많다. 다만 산야에서 채집한 비재배식물, 즉 산채(山菜)는 채소에 포함되지 않는다. 한국에서 재배되고 있는 채소의 종류는 60여 가지로, 그 대부분이 문화의 교류에 따라 외국으로부터 들어왔다. 마늘 · 순무 · 무 · 배추 등은 중국을 통하여 들어왔고, 샐러리 · 결구상추 · 꽃양배추 · 피망 등은 조선 후기에 서양인에 의해 전래되었다.

■ 과수(果樹, fruit tree)

산야에 자생하고 있는 나무에 맺는 과실이 많지만 식용할 수 없는 과실을 맺는 나무는 과수에 포함시키지 않는다. 산야에서 원예 기술적으로 생산하지 않고 식용이나 공업용 원료로 쓰이는 과실을 맺는 나무들을 유실수(有實樹)라고 한다. 유실수 중에 식용이 가능하고 집약적으로 재배되는 나무는 과수에 포함시킬 수 있다.

2. 화훼장식의 기능

화훼장식으로 아름답고 쾌적한 생활공간이 조성됨과 동시에 건축적, 심리적, 환경적, 교육적, 치료적, 경제적인 다양한 효과를 얻을 수 있으며 상업적 측면으로 화훼장식을 활용함으로써 직업 및 경제적 이익을 얻을 수도 있다.

장식적 기능(= 공간 장식)

실내외 공간에 원예를 이용한 장식물이나 분식물을 이용하며 공간 분할, 시야의 차단, 동선의 유도 등 건축적인 효과와 함께 건축물이 주는 차갑고 딱딱한 느낌을 아름답고 쾌적한 환경으로 변화시킨다.

장식의 효과는 생활공간뿐만 아니라 호텔 장식, 무대장식, 디스플레이, 강당, 교회, 극장 등에 이용되어 그 범위와 규모가 커지고 있다.

메시지 전달

표현하고자 하는 내용이 충분히 전달되거나 나타나게 장식하여 여러 가지 의미를 통해 유용한 의사 및 감정 전달의 도구로 직접적인 언어적 수단보다 더 효과적으로 경축, 애도, 감사, 사랑 등의 메시지가 담긴 꽃다발, 꽃바구니, 분식물을 전한다.

- 축하: 생일, 결혼, 약혼, 전시회, 졸업식, 승진, 개업
- 애도: 위로: 장례식, 병문안
- 사랑고백: 청혼, 결혼기념일
- 밸런타인데이: 어린이날, 어버이날, 스승의 날, 성년의 날, 크리스마스

심리적 기능(= 정서 함양)

어떤 일을 경험하거나 생각할 때 일어나는 여러 가지의 감정을 자연스럽게 순화시켜 좋은 심성을 갖게 하며 정신적, 심리적으로 편안함과 안정감을 주어 삶의 질을 향상시킨다. 자연과 떨어져 생활하는 도시 환경에서, 꽃과 식물로 이루어진 아름다운 공간은 우리에게 편안함을 주고 기분을 전환시키며 삶에 대한 애착과 희망을 갖게 함으로써 정서를 순화시키고 풍부하게 한다.

환경적 기능(= 환경 조절)

공기정화기능으로 광합성 작용을 통해, 인체에 유해한 포름알데히드, 벤젠, 트리클로로, 에틸렌 등을 흡수하여 공기 정화 효과를 가져온다. 광합성과 호흡으로 증산작용은 실내의 습도를 약 45% 유지해주며 증산작용에 의해 주변의 온도 상승을 막는 온도 조절효과를 준다. 또한 광합성, 증산작용이 왕성한 곳에서는 음이온이 다량 발생하는데 음이온은 자율신경을 진정시키고 불면증을 없애주며, 신진대사를 촉진하고, 혈액을 정화할 뿐만 아니라 세포기능을 강화해주는 효과도 있다. 휘발성 물질 방출로 성분에 따라 스트레스 해소 및 우울증 치료에 효과적이다.

교육적 기능(= 교육 및 학습 효과)

아름다운 화훼장식 공간에서의 생활은 미적 감각을 증진시키며 장식공간과 인간과의 관계, 그리고 식물과의 관계 및 조형적 지식도 갖게 됨으로써 화훼장식을 통하여 도시, 환경, 자연에 대한 이해가 증가하는 효과를 제공 받을 수 있다. 주말농장, 숲 체험은 식물을 가꾸며 생장하는 과정을 경험함으로써 자연학습의 기회와 자연의 신비, 환경에 대한 고마움을 느끼게 한다.

치료적 기능(= 치료 효과)

식물은 색채나 형태로 정서를 안정시키고 눈의 피로를 줄여 주며 식물의 향기는 우울증, 스트레스를 경감시키는 효과가 있다. 작업과정이나 활동과정의 적응을 통해 인내 · 수련 · 성취를 경험하게 되며, 이를 통해 정신적 · 신체적 기능의 회복을 기대 할 수 있다.

경제적 기능

상업적인 공간에서의 화훼장식은 그 공간에 대한 긍정적인 이미지를 전달함으로써 홍보효과 및 판매를 촉진해 매출을 증가시킬 수 있다. 이러한 효과로 디스플레이에 꽃이나 식물 등의 장식물이 많이 이용되고 있으며 조형적 특성, 독창적기법 등을 활용하여 문화성, 시대성, 대중성과 예술성을 부여한다.

3. 화훼장식의 활용

화훼장식은 취미, 창작활동, 종교 생활 등의 범위 및 기능이 다양해지고 있어 직업과도 연결시킬 수 있다. 직업으로는 화훼장식가, 플라워디자이너, 플라워숍 경영, 원예식물 유통업, 경매사, 판매 관리자, 저장업, 수출입업, 화훼장식 관련 유통업, 원예치료사 등이 있다.

원예치료사란

원예를 활용하여 사회적 · 정서적 · 신체적 장애가 있는 사람을 치료하는 전문 종사자이다. 식물을 이용하여 사회적 · 정서적 · 신체적 장애를 겪고 있는 사람의 육체적 재활과 정신적 회복을 추구하는 활동을 원예치료라고 하며, 이러한 치료를 담당하는 사람들을 원예치료사라 한다.

원예치료는 정원과 경작을 뜻하는 원예와 몸과 마음의 질병을 약물 투여나 수술 없이 고친다는 치료의 합성어이다. 씨를 뿌리고, 이것이 잘 자라도록 온갖 정성으로 가꾸고, 그 결과로 활짝 핀 꽃을 보면서 사람들이 느끼는 기쁨과 희열을 치료 목적에 이용하는 것이다. 원예치료에는 정원 가꾸기, 식물 재배하기, 꽃을 이용한 작품 활동 등이 포함되며 치료 대상자는 이런 활동을 통하여 운동능력을 향상시키고, 성취감과 자신감을 증진시킬 수 있으며, 재배하는 꽃이나 식물의 향기를 맡음으로써 정신적인 안정을 얻는다.

■ 원예치료사의 양성 과정

원예복지사	원예치료사 2급
• 농촌진흥청 산하 연구직 및 지도직 공무원 또는 원예복지 관심자 • 평생(사회)교육원 수료 • 원예치료사 2급 자격시험 합격 • 농촌진흥청 원예치료 단기 연수 수료 또는 협회 워크숍 40시간 참석 또는 임상실습 1,000시간 이상(원예치료사 2급 기준) • 학회 논문 발표 1건 이상 • 지도교수 또는 기관장 추천서 (원예치료사 2급과 동등 자격 인정)	• 전문학사 이상의 학력 • 평생(사회) 교육원 수료 또는 대학원 원예치료 전공 1년 수료 • 원예치료사 2급 자격시험 합격 • 워크숍 20시간 참석 • 임상실습 1,000시간 이상(주진행자: 24시간/회, 보조자: 16시간/회) • 학회 논문 발표 1건 이상 • 임상활동보고서 • 지도교수 추천서

원예치료사 1급	고등 원예치료사
• 학부 원예치료학과 또는 대학원 원예치료 전공 졸업 • 대학원 원예학전공 졸업자는 의료과목 3과목 이수 및 원예치료 석사 논문 제출 • 평생(사회) 교육원 1년 수료(소급적용자) • 워크숍 40시간 이상 참석 • 임상실습 3,000시간(2급 1,000시간 포함) 이상(주진행자: 16시간/회, 보조자: 8시간/회) • 논문 게재 1건, 학회 발표 1건 이상 • 임상활동 보고서 • 지도교수 추천서	• 원예치료사 1급 자격 취득 후 5년 경과 • 단기고급연수 5회(해외연수 2회 포함) 이상 (단, 박사학위로 대체 가능) • 워크숍 100시간 이상 참석 • 임상실습 8,000시간(1급 3,000시간 포함) 이상(4시간/회) • 논문 게재 5건, 학회 발표 5건 이상 • 협회 임원 10인 이상 추천서 • 임상활동 보고서 • 지도교수 추천서

원예치료에 대한 정보를 제공하는 곳으로 (사)한국원예치료복지협회(www.khta.or.kr) 사이트에 접속하면 다양한 정보를 얻을 수 있으며, 현재 협회에서 인정하고 있는 교육기관으로는 건국대학교, 국립한경대학교 평생교육원 등 20여 개 교육기관에서 원예치료과정을 개설 운영하고 있다.

■ 화훼장식기능사(기사)

• 2004년 국가 자격증 화훼장식기능사 신설

화훼의 기능성 및 역할이 증대되고 시대 및 사회적 요구의 확대되어 꽃 소비량의 증가로 화훼장식 전문가의 양성과 도 · 소매 꽃가게 운영의 현대화, 화훼장식(이용)의 과학화 그리고 체계화된 교육과 효율적인 인력활용을 위해 일정 수준의 지식과 기술을 갖춘 사람을 양성할 목적으로 제정되었다.

• 수행직무

고도의 전문성을 갖추고 화훼류를 주소재로 실내 · 외 공간에 기능성과 미적 효과가 높은 장식물의 계획, 디자인, 제작, 유지 및 관리하는 기술과 관련된 모든 업무를 수행한다.

• 취득방법

① 시행처: 한국산업인력공단(www.hrdkorea.or.kr)

② 관련학과: 원예학과, 원예육종학과, 환경원예학과, 식물자원학과, 농학과, 응용식물학과, 생명자원학과, 각 (농업)고등학교 및 전문대학교 학과 및 평생교육원

③ 시험과목: <필기> 1. 화훼장식재료 2. 화훼장식 제작 및 유지관리 3. 화훼장식론
<실기> 화훼장식디자인 실무

④ 검정방법: <필기> 객관식 4지 택일형 60문항(60분)
<실기> 작업형(2시간 정도)

⑤ 합격기준: 100점 만점에 60점 이상 득점자

• 진로 및 전망

전문화되어 가고 있는 현대는 고도의 기술을 요구하고, 화훼 또한 이러한 흐름에 맞추어 빠른 속도로 생활필수화되어 가고 있으며, 화훼를 이용한 장식품의 종류도 다양해지고 있어 고도의 전문성과 프로정신을 보유한 인력을 점점 요구하고 있다.

도 · 소매 꽃가게의 대형화 및 전문화로 인해 전문 인력의 고용능력과 창업의 증대, 호텔, 은행 등 대형건물의 그린인테리어로서의 활동, 조경회사, 골프회사, 화훼종묘회사, 화훼육묘회사, 화훼경매시장 등에 취업, 실내조경가, 코디네이터, 사이버플라워디자이너, 이벤트행사기획가, 전시회기획가, 화훼장식평론가 등의 프리랜서로 활약하거나, 전문 분야의 상품개발, 디스플레이 전문업, 화훼장식소재 제조업, 화훼장식소재 판매, 화훼유통업 등에 종사할 수 있다. 꽃꽂이학원 경영, 화훼 관련 경기대회 관리 및 심사위원, 각종 교육기관의 강사 활동 또한 가능하다.

Chapter 2
화훼장식의 역사 및 특징

1. 동 양

한국의 절화장식은 용기에 나뭇가지를 주소재로 절화를 곁들여주면서 꽂는 꽃꽂이로 발전해 왔다. 꽃꽂이가 언제부터 시작되었는지에 대한 정확한 역사적인 기록이 없어 확실한 기원을 밝히기는 어렵지만, 문헌이나 벽화, 조형물 등에 나타난 자료들을 참고하면 아주 오랜 옛날부터 이용되어 왔던 것으로 짐작해 볼 수 있다. 꽃꽂이는 식물을 신이 내리는 영적인 것으로 간주하여온 것에서부터 시작되었다고 볼 수 있다.

꽃꽂이는 자연신앙에서 기원하여, 그 후 불교 전래와 함께 불전헌공화로 도입되면서 표현 영역의 확대로 실질적인 용도 외 감상의 대상으로 이용되어 갔다. 사람들은 꽃을 꺾어 그릇에 담아 가까이 두고 즐기게 되었고 나아가 인간의 영감과 조형능력이 발전하면서 꽃의 자연미와 인위적인 창조미를 동시에 추구하게 되어 꽃꽂이는 화예로 발전되어 갔다.

한국의 화훼

한국의 기후 환경에 따른 식생과 민족성, 관습, 종교 등에 따라 특색 있는 양식으로 발전하였으며 용기에 꽂아 책상이나 문갑 위에 배치하는 꽃꽂이 또는 난, 매화, 국화, 대나무 등의 분재가 애용되었다. 자연의 신성에 대한 숭배심은 수목 숭배 사상으로 이어졌으며, 수목은 자연과 신 그리고 인간 사이를 이어주는 매개물로 이해되었다.

삼국시대 및 통일신라

불교의식의 일부로 불전에 꽃을 받치는 것으로서 벽화, 불화, 기화, 화훼도, 화조도, 책거리 등에 다양하게 나타났는데 사람이 죽으면 제단에 연꽃을 받쳤다는 기록이 있다. 연꽃은 생명력이 강하고 장수, 건강, 명예, 불사, 군자 등을 상징한다.

고구려 쌍영총 벽화 '부부상'에는 당초문과 봉오리가 꽂혀 있는 꽃병을 볼 수 있는데 일상생활에서 귀족이나 왕가에서는 꽃을 사용했음을 알 수 있다. 강서대묘 현실 북면 비천상(6~7세기)에는 꽃을 흩뿌리는 산화도가 그려져 있고 안악분 비천상 속의 수반에 꽂힌 연꽃은 선과 공간의 자연적 표사를 보여준다. 이후 불전공화는 일본으로 건너가 이케바나의 시초가 되었다.

인동문 암막새(통일신라시대)

수막새 기와(신라시대)

신흥사의 법당기단 석조각(신라시대)

쌍영총 벽화(고구려)

안악분 비천상(고구려시대)

강서대묘 현실 북면 비천상(고구려시대)

고려시대

고려청자와 귀족적인 불교문화가 전성기에 이른 때이며 불전공화의 다양한 표현이 발달되었다. 불전공화의 대표적인 소재로 연, 버드나무, 대나무 등의 나뭇가지를 사용하였다. 의사전달을 대신할 만큼 꽃 문화로 크게 발전하였으며 궁중에는 꽃을 꽂는 놀이가 있어 궁중연회에도 꽃장식을 하고 궁중의식 절차에서도 꽃이 사용되었으며 왕이 내리는 하사품으로도 이용하였다. 꽃을 담당하는 압화사, 권하사, 꽃을 거두는 인화담원 등은 궁중에서 큰 역할을 차지하였다고 한다.

<관경변상도>에는 3개의 꽃바구가 부처 앞, 양옆에 있으며 <수덕사 대웅전 수생화도> 벽화에는 연꽃, 부용꽃, 어송화, 수초 등이 있다. 해인사 대적광전 벽화 속 꽃바구니 부분에서는 둥근 화분에 모란꽃이 풍성하게 담긴 옥제로 만든 꽃을 볼 수 있다.

청자철재화분문병

수월관음도

수월관음도 부분

해인사 대적광전 벽화

수덕사 대웅전의 수생화도

관경변상도 야생화도

조선시대

획기적인 발전을 이룬 시기이며 고려시대와는 달리 유교를 중심으로 한 숭유억불정책으로 불교는 탄압받았다. 유교의 발달로 원예에 관한 서적이 출판되기도 하였으며 강희안의 <양화소록>에는 나무와 꽃을 9가지 품으로 나누어 소재에 의미를 부여하였다. 도화사들이 그린 화훼절지도, 초화도, 문방구 등에서 화병이나 수반에 꽃을 꽂은 것을 볼 수 있으며 그 외 병풍도, 문자도, 궁중행사도, 인물화, 풍속화, 민화 등이 있다. 서유구의 <임원십육지>, 홍만선의 <산림경제>에서는 꽃을 꽂는 방법, 꽃에 물을 주는 방법, 화기의 배치나 선택에 관한 내용을 다루었다. 매화, 대나무, 난, 국화를 4군으로 하여 매화는 절개있는 선비의 기상을, 대나무는 곧은 성품과 정직성을, 난은 기상과 절개로 향기 높은 기품을, 국화는 속세를 떠나 고고하게 살아가는 은사를 비유하였다. 이 시대의 꽃꽂이 조형양식은 삼존양식과 일지화양식으로 크게 변형 · 발전되었다.

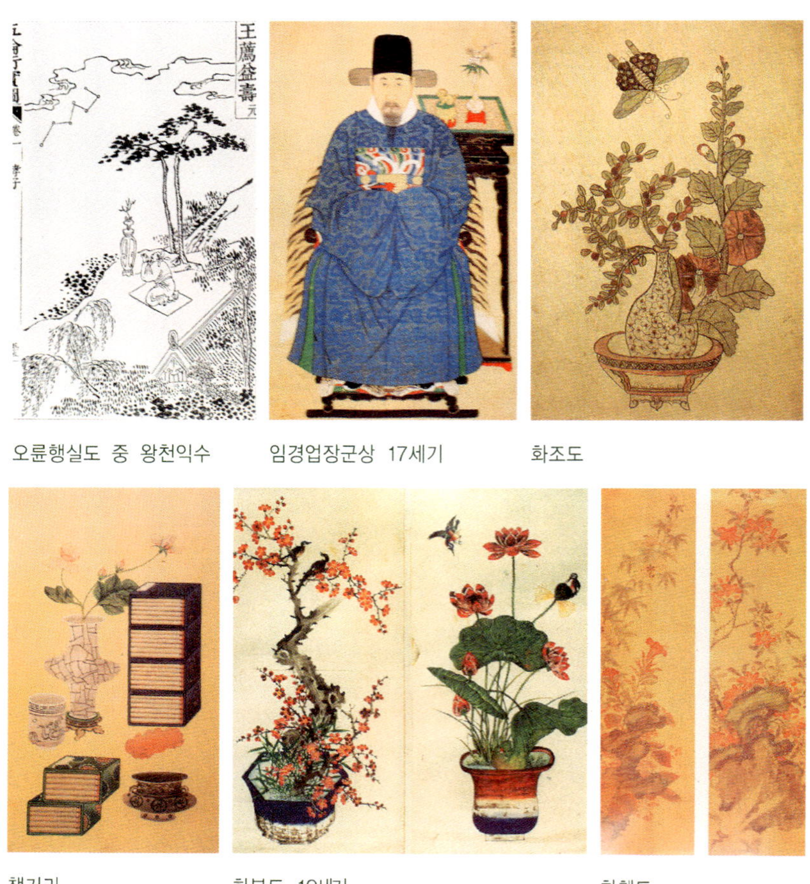

오륜행실도 중 왕천익수

임경업장군상 17세기

화조도

책거리

화분도 19세기

화훼도

현대

일본의 민족문화 말살정책 때문에 1960년대 후반에서야 실용적인 목적으로 이용되기 시작하여 전통적인 양식과 현대적인 양식이 혼합되어 변화되었다. 1970년대 일본을 통해 전해진 미국식 서양 꽂꽂이의 다양한 절화장식물이 이용되었으며 최근에는 유럽식 디자인의 표현 양식이 큰 영향을 미치고 있다.

■ **책거리란**

순우리말로 문방도, 서가도, 책가도, 문방사우도라 불리며 조선시대 선비 방의 책과 문방구들의 장식품을 소재로 한다. 향로, 필통, 붓, 연적, 도장 등의 문방구와 도자기, 청동기, 화병, 화문, 부채 등을 함께 그린 민화이다.

2. 서 양

고대 이집트(B.C. 2800~28)

고대 이집트에서는 파라오 왕을 중심으로 많은 신들이 숭배되었으며 빨강, 노랑, 파랑의 원색적인 색감을 좋아하였다. 현재까지도 쓰이고 있는 꽃과 잎, 과일들을 엮어서 만드는 갈런드(garland), 리스(wreath)는 신체장식용, 축제나 의식, 선물용으로 사용하였다.

고대 그리스(B.C. 600~146)

이집트풍의 꽃장식 형태나 특징이 그대로 이어지면서 사용되었고 리스는 충성과 헌신의 상징, 결혼식용, 몸치장용, 장식용 등으로 그리스인들의 생활에 매우 중요하게 사용되었다. 뿔모양의 바구니 디자인의 '코르누코피아(cornucopia)'는 풍요의 뿔이라는 뜻으로 이용되었으며 연회나 축제 때 꽃이나 꽃잎을 뜯어 뿌리는 것으로 산화(loose flowers and petals)를 하기도 하였다.

로마시대(B.C. 28~A.D. 325)

리스, 갈런드의 부피가 크고 화려해졌으며 향기로운 꽃으로 축제나 종교적인 행사에 정교한 모양으로 테이블 장식에 이용되었으며 장미꽃잎을 길에 뿌리기도 하였다. 동로마제국의 비잔틴시대에 유행한 원추형 나무 모양의 틀에 잎을 가득 붙여 만든 토피어리가 유행되어 지금까지도 이용되고 있다.

비잔틴시대(A.D. 320~660)

비잔틴예술은 동방의 영향을 받아 화려한 색채와 장식성을 띠며 문명의 중심지로 자리를 잡게 되었다. 높이와 대칭을 강조하며 꽃, 과일, 잎 등을 좁게 묶는 '나선형+원추형' 디자인이 등장하였다. 원추형은 좌우 대칭으로 선단이 뾰족한 것을 말한다. 잎을 서로 겹치게 꽂거나 일정한 간격을 두고 꽃이나 과일을 장식하였다.

르네상스시대(A.D. 1400~1600)

그리스 · 로마 문명의 재생과 부흥의 의미를 갖는 시기이며 현대 사회에서 사용되는 듯한 디자인이 시작된 시기이다. 꽃을 이용한 장식품이 독립적으로 인정되었으며 빈 공간 없이 화려한 꽃으로 꽉 채운 디자인이 선호되었고, 밝은 색의 꽃과 풍만한 피라미드, 원추형, 대칭삼각형, 원형 형태의 꽃꽂이가 이용되었다. 화기의 형태는 도자기, 마블, 유리병, 술잔, 청동항아리, 뚜껑에 꽃을 꽂을 수 있는 구멍이 있는 화기를 사용하기도 하였다.

바로크시대(A.D. 1600~1750)

17세기는 호화롭고 과장되었던 시대로 이 시대의 화훼예술은 움직임과 장식이 강조되고 비대칭적이고 대각선적, 곡선적인 특성을 가지고 있다. 영국의 예술가 윌리엄 호가스에 의해 S 커브, C자형 라인이 발달하였고 화려하고 풍만한 형태의 디자인으로 여러 종류의 꽃을 사용하였으며 새, 둥지, 조개, 과일, 곤충 등의 장식효과를 지닌 재료들을 사용하였다. 유럽 남부의 종교적인 박해를 피해 네덜란드와 벨기에로 옮겨온 화가들의 영향으로 화려하게 꽃을 가득 채운 타원형의 더치플레미시 양식의 꽃꽂이가 유행하였다.

영국 조지왕 시대(A.D. 1714~1760)

18세기 영국 조지왕 1, 2, 3세의 시대에는 꽃의 향기를 중요하게 여겼으며 향기를 통해 악취와 각종 전염병으로부터 보호를 받을 수 있다고 믿었다. 꽃향기를 몸에 지니고 다니기 위해 손으로 들고 다닐 수 있는 작은 노즈게이 부케를 만들기 시작하였다. 작은 꽃다발의 형태인 터지머지를 사용하였으며 여인들의 머리, 목, 허리, 어깨 등도 꽃으로 장식하였다. 전형적이며 대칭적인 꽃꽂이 형태가 일반적이었으며 길고 가는 병에 꽃을 꽂거나 테이블 중앙에 놓는 센터피스가 처음 이용되었다.

로코코시대(A.D. 1750~1800)

바로크시대와 대조적으로 발랄하고 우아한 색채로 아름다움을 추구하였다. 파스텔톤의 색이 밝은 꽃을 사용하였으며 화기 또한 밝은 색의 파스텔톤과 광택이 있는 것을 많이 사용하였다. 실내장식이 화려하고 아름다운 곡선 문양을 이용한 장식이 천장, 벽면, 거울, 액자 등에 이용되었고 회화에서는 헤어액세서리, 코사지, 갈런드, 크란츠 등도 볼 수 있다.

빅토리아시대(A.D. 1837~1901)

로맨틱시대라고도 불리며 꽃과 원예가 번성했던 매우 중요한 시기이다. 플라워디자인이 예술로 자리를 잡고 잡지와 책들이 출간되었으며 꽃을 키우는 취미생활을 즐겼다고 한다. 방향 용도로 사용되었던 노즈게이의 사용 범위가 확대되었고 꽃을 오랫동안 신선하게 유지하기 위해 부케홀더를 개발하여 '포지 홀더'라 불렀다. 19세기 영국에서 발생한 산업혁명 이후, 중산층이 생활의 여유로움이 생기면서 원예와 식물에 대한 관심이 많아지고 붐을 형성하였다.

미국

영국의 영향에서 벗어나고자 피라미드형, 부채형 등이 이용되었으나 여전히 유럽의 빅토리안 양식이 그대로 표현되었다. 2차대전 이후 유럽양식과 동양의 선 사상이 결합된 서양식 스타일(Western Style)이 생겨나기 시작하였다.

■ 일본

6세기 아스카 시대에 불교와 함께 전해진 불전 꽃꽂이로 승려인 이케노보가 꽃꽂이 학교를 설립한 후 표현방식에 따라 리가, 쇼가, 모리바나 등의 형식으로 각 시대마다 이케바나의 명칭이 달려졌다가 꽃꽂이의 일반적인 총칭으로 이케바나로 정착되었다.

이케바나의 출발점은 제사 때 신에게 바치는 나무나 부처님에게 바치는 꽃을 의미하며 신에게 반드시 나무를 세워야 한다는 일본의 민속신앙에 있다.

현대에 와서는 종교적인 용도보다는 실용적 용도가 많으며 스스로 만들어 감상하기도 하고 손님을 품위있게 대접하는 데 이용하기도 한다. 생활공간을 장식하는 외형적 기능과 더불어 사람이 자연과 친밀해지고 마음과 정신적 수양을 하게 되어 '꽃의 도(화도)'라 한다.

Chapter 3
화훼장식의 소재

1. 식물 소재

관상을 목적으로 하는 화훼식물은 초본에서 목본까지 그 종류가 크고 다양해서 충분한 지식이 필요하다. 절화장식에 이용되는 절화(cut flower)는 모체에서 줄기를 자른 꽃으로 꽃 장식 소재 중 가장 많이 사용된다. 색채가 다양하고 신성감과 생동감이 있어 가정, 사무실, 연회장, 선물용, 경조화환에 많이 이용된다. 절지는 나뭇가지를 잘라 장식에 이용되고 절엽(cut foliages)은 관엽식물의 잎을 잘라 장식에 이용하는 것으로 절화나 절지를 주 소재로 만든 디자인에서 변화와 마무리, 혹은 배경 표현을 위해 이용한다. 분식물 화분에 장식하는 식물을 분식물이라 하는데, 아름다운 꽃을 감상하기 위한 관화식물과 늘 푸른잎을 감상하기 위한 관엽식물로 나눈다.

절화

절지

절엽

분식물

■ 식물의 분류

식물은 줄기가 갖는 성질에 따라 크게 목본류와 초본류로 나누고 초본류는 다시 1년생과 다년생으로 나뉜다.

■ 식물의 명칭

식물의 정식 명칭은 세계적으로 공인한 라틴어 표기의 식물학적 명칭(학명)과 일반적인 명칭인 속명으로 나눌 수 있으며 이 속명은 국가별로 다르게 불릴 수 있다.
우리나라에서는 식물의 표기에 학명, 한국명, 영어명을 함께 사용하고 있다.

예) 한국명－해바라기
학명－*Helianthus annuus*
영명－Common Sunflower

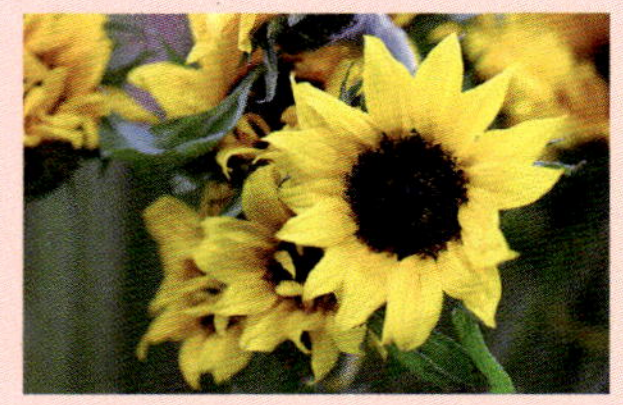

■ 학명(scientific name)

식물군의 기본적인 단위인 종의 학명은 국제식물명명규약에 따라 린네의 속명과 종명을 쓰는 이명법으로 표기하고 이탤릭체로 쓴다. 속명과 종명, 변종명, 품종명은 이탤릭체로 하고, 속명의 첫자는 대문자로, 종명부터는 소문자로 한다.
명명자는 인쇄체로 첫자는 대문자로 하고 긴 이름의 경우 짧게 음절을 끊어서 쓰며 약자 표지로 점(.)을 찍는다. 학명에 var.v.은 변종의 줄임이고, for.f는 품종의 표시로 forma의 줄임, cv.은 재배종의 표시로 cultivar의 약자이다.

■ 학명 = 속명 + 종명 + 명명자 (var./cv./for./cl. 등)

- 장미 *Rosa hybrida* Hort.
- 국화 *Dendranthema grandiflora* Kitamura
- 나팔나리 *Lilium longiflorum* T.
- 카네이션 *Dianthus caryophyllus* L.
- 솔나리 *Lilium* cernuum Komarov.
- 할미꽃 *Pulsatilla koreana* Nakai ex Mori
- 공작초 *Aster* spp.
- 디펜바키아 *Dieffenbachia* x cv. Marianne
- 낙상홍 *Ilex serrata* var. sieboldii

초화류

1년생 초화류

1년초 또는 한해살이화초(annuals)라 하며, 씨를 뿌려 싹이 트고 꽃이 피어 열매를 맺기까지 1년이 걸리는 식물이다. 아름다운 꽃을 감상하고 절화용, 화단용으로 이용되며 계절, 화단의 기능에 따라 알맞은 종을 선택한다. 파종시기에 따라 춘파 1년초와 추파 1년초로 구분된다.

춘파 1년초

봄에 씨를 뿌려 꽃을 피우고 열매를 맺는 종류로 분꽃, 나팔꽃, 맨드라미, 봉선화, 해바라기, 과꽃, 채송화, 아게라툼, 매리골드, 샐비어, 백일홍, 천일홍 등이 있다

채송화 매리골드 샐비어 과꽃 천일홍

추파 1년초

가을에 씨를 뿌려 이듬해 봄에 꽃을 피우고 열매를 맺는 종류로 팬지, 페튜니아, 프리뮬러, 시네라리아, 데이지, 스토크, 칼세올라리아, 금잔화 등이 있다

팬지 페튜니아 프리뮬러 시네라리아 데이지

2년생 초화류

2년생초는 두해살이화초라 하며, 씨를 뿌린 후 1년(12개월)이 지난 후 꽃을 피우고 열매를 맺는 식물로 추파 1년초의 생육이 길어진 형이다.

석죽, 종꽃, 접시꽃, 초롱꽃, 디기탈리스 등이 있다.

석죽

종꽃

접시꽃

■ **봄과 초여름에 피는 꽃**

팬지, 페튜니아, 프리뮬러, 칼세올라리아, 금잔화, 루피너스, 패랭이꽃, 금어초, 스토크, 스위트피, 버베나, 물망초, 고데치아, 로벨리아, 유채, 시네라리아 등이 있다.

팬지

페튜니아

프리뮬러

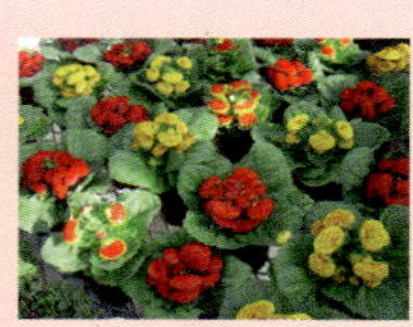
칼세올라리아

■ **여름과 가을에 피는 꽃**

맨드라미, 루드베키아, 한련화, 봉선화, 해바라기, 색비름, 채송화, 분꽃, 매리골드, 샐비어, 일일초, 꽃양귀비, 천인국, 천일홍, 밀짚꽃, 과꽃, 백일홍, 신경초, 아게라툼 등이 있다.

맨드라미

루드베키아

한련화

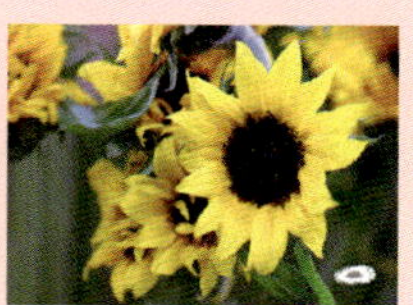
해바라기

다년생 초화류

여러해살이 또는 숙근초라고도 한다. 한번 씨를 뿌린 후 뿌리나 줄기가 여러 해 동안 식물의 전체 또는 일부가 살아남아서 매년 꽃을 피우며 열매를 맺는 종이다. 매년 새로 심지 않아도 오랫동안 아름다운 꽃을 관상할 수 있다. 일반적으로 화단으로 이용하는 것과 절화 및 분화로 이용되는 것 등으로 분류된다.

노지숙근초 (화단용)	· 오랫동안 한 지역의 기후풍토에 적응한 식물 · 추위에 강하며 온대 및 아한대 지역 · 벌개미취, 매발톱꽃, 꽃잔디, 옥잠화, 비비추, 국화, 플록스, 작약, 샤스타데이지, 루드베키아, 원추리 등
온실숙근초 (분화용)	· 추위에 약해서 온실이나 따뜻한 곳에서 기르는 식물 · 칼랑코에, 군자란, 제라늄, 아프리칸 바이올렛, 시클라멘, 포인세티아, 제라늄, 거베라, 베고니아 등
절화용	· 카네이션, 국화, 거베라, 스타티스, 숙근안개초, 용담, 꽃도라지 등

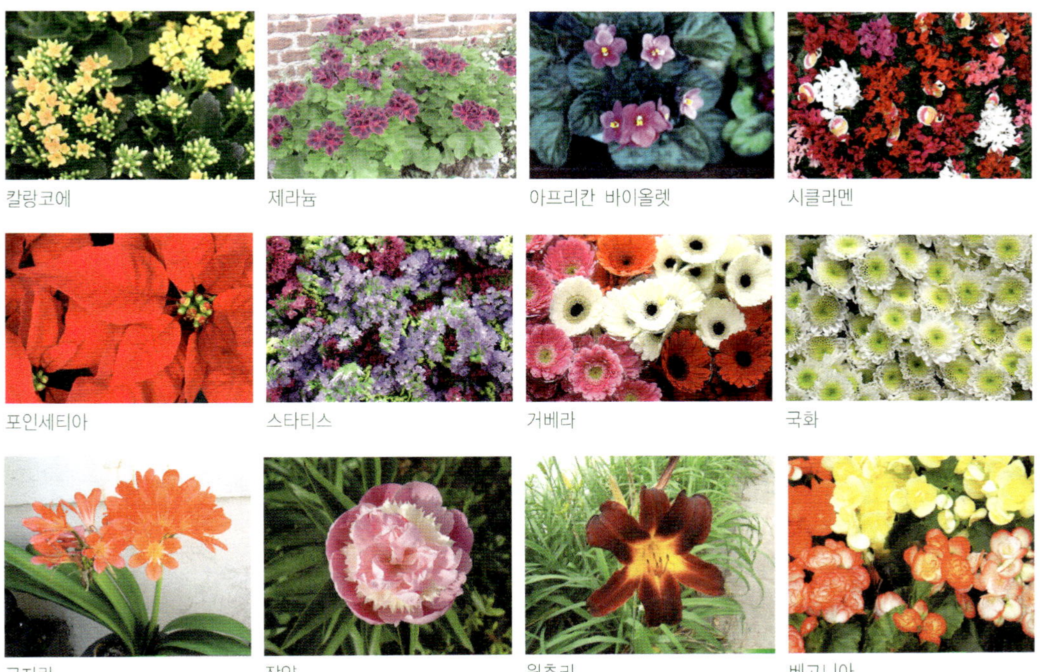
칼랑코에 제라늄 아프리칸 바이올렛 시클라멘
포인세티아 스타티스 거베라 국화
군자란 작약 원추리 베고니아

구근류

비대된 잎이나 줄기, 뿌리 등과 같은 일조의 변형된 형태로 구(球)를 이루고 그곳에 양분을 저장하여 다음해에도 계속 자라는 숙근초이다. 절화용으로는 나리류, 글라디올러스, 프리지어, 구근아이리스, 칼라 등이 있고 분화용으로는 시클라멘, 구근베고니아, 글록시니아 나리류 등이 있다. 구근류 중에는 재배 습성상 숙근초로 취급되는 것들도 많이 있으며 일반적으로 구근류는 백합과, 수선화과, 붓꽃과가 주종을 이루고 천남성과, 생강과, 국화과 등이 있다.

춘식 구근	· 추위가 지나고 봄에 심어 여름 동안 꽃 피우고 가을에 수확해서 저장해 두는 것 · 가을화단 장식에 이용, 추위에 약함 · 칸나, 다알리아, 글라디올라스, 칼라, 아마릴리스 등
추식 구근	· 9월과 10월 사이의 가을에 심어 봄에 꽃피고 여름에 수확하여 저장하는 것 · 봄 화단 장식에 이용 · 튤립, 히아신스, 백합, 수선화, 아네모네, 아이리스, 시클라멘 등

칸나 다알리아 칼라 아마릴리스

히아신스 백합 수선화 튤립

글라디올라스 아네모네 아이리스 시클라멘

관엽식물

관엽식물(foliage plant)은 아름다운 잎의 색이나 모양을 관상의 대상으로 하는 식물을 말하며 꽃은 피더라도 화려하지는 않다. 주로 열대나 아열대의 분화용(온실 관엽식물)과 화단용(노지 관엽식물)으로 구분하고 목본이나 초본식물을 포함한다.

대부분의 관엽식물은 열대정글 속에서 사는 식물이거나 아열대수림 속에 사는 상록식물이다. 우리나라에서는 겨울에는 온실이나 실내에서 길러야 하며 강한 햇빛보다는 음지에서 잘 자란다. 최근 다양한 인테리어 소품으로 이용되거나 환경적인 기능을 위해 실내를 장식하는 데 많이 이용된다. 고무나무, 관음죽, 팔손이, 토란과, 베고니아류, 파인애플과류, 고사리류, 선인장류, 난류, 야자류, 뽕나무과의 고무나무류, 용설란과의 행운목, 코르딜리네, 마란타와 백합과의 아스파라거스, 산세베리아 등이 있다.

페페로미아 / 싱고늄 / 퓨밀라 / 홍콩야자

안스리움 / 네프로네피스 / 호야 / 피토니아

마삭줄 / 셀렘 / 트리안 / 아글라오네마

선인장과 다육식물

선인장

선인장의 가장 큰 특징은 잎 대신에 가시를 가지고 있으며 보통 식물에서는 보이지 않은 독특한 구형, 평원형, 원통형 등의 형태를 이룬다는 것이다. 형태적으로는 선인장도 다육식물에 속하나 선인장과 식물이 많이 있기 때문에 선인장과 그 외의 다육식물로 나누어진다.

선인장은 건조한 환경에서도 오래 견딜 수 있도록 많은 수분을 오랫동안 보유하고 있다. 선인장 가시는 사막에서 잎의 증산을 막기 위해 퇴화되어 생긴 것으로 동물로부터 자신을 보호하는 역할을 하기도 한다. 선인장 원산지에서는 식용이나 약용으로 이용되기도 하나 원예식물로서의 가치가 더 크고 나뭇잎선인장아과, 부채선인장아과, 기둥선인장아과로 크게 분류한다.

비모란 상아단선

희춘성

금호

다육식물

식물체 특히 줄기나 잎이 수분을 많이 함유하고 있는 유조직, 즉 저수조직이 발달하여 두터운 육질을 이루고 있는 식물을 말한다. 자생지는 아프리카 남부를 중심으로 아프리카 대륙 전체, 카나리아 제도, 마다가스카르 섬, 아라비아 반도, 인도 남부 등이며, 칼랑코에, 알로에, 협죽도, 공작선인장, 게발선인장, 꿩의비름, 돌나물 등이 있다.

정야 크라슐라

불야성

산세베리아

난

난(orchid)은 난초라고도 하며 식물학적으로 가장 진화한 것으로 알려져 있고 꽃이 매우 아름답다. 꽃의 수명이 다른 식물에 비해 길며 꽃과 잎, 줄기의 모양이 다양하고 특별한 매력을 가지고 있다. 난 식물은 열대, 아열대, 온대에 걸쳐 25,000~30,000여 종이 있으며 동양란과 서양란으로 나눈다.

동양란

동양란은 한국, 일본, 대만 등의 온대성 기후에 자생하는 난과 식물을 말하며 춘란류, 한란류, 혜란류, 석곡류, 풍란, 새우란 등이 있다.

한란

혜란

석곡

풍란

서양란

서양란은 남 · 북반구의 열대부터 아한대 기후에 분포하며 많은 종들이 개량되어 관상용으로 이용되고 있다. 심비디움, 팔레놉시스, 덴드로비움, 카틀레야, 온시디움, 밀토니아, 반다 등이 있으며 절화 및 분화로 이용되고 있다.

덴드로비움

카틀레야

환타지아

팔레놉시스

알아두기

■ 생장 습성에 따른 분류

착생란	• 바위나 큰 나무에서 고착 생활을 하는 난 • 뿌리가 공중에 노출되어 줄기와 잎은 두껍고 뿌리는 호흡이 발달 • 대부분 열대성 서양란 • 카틀레야, 덴드로비움, 반다, 온시디움, 콩짜개란, 풍란, 반다 등
지생란	• 땅속에 뿌리를 내리고 생활하는 난 • 아열대, 온대 지방에 분포하며 건조한 것을 싫어함 • 춘란, 한란, 건란, 보춘화, 소심란, 새우란 등

콩짜개란과 풍란

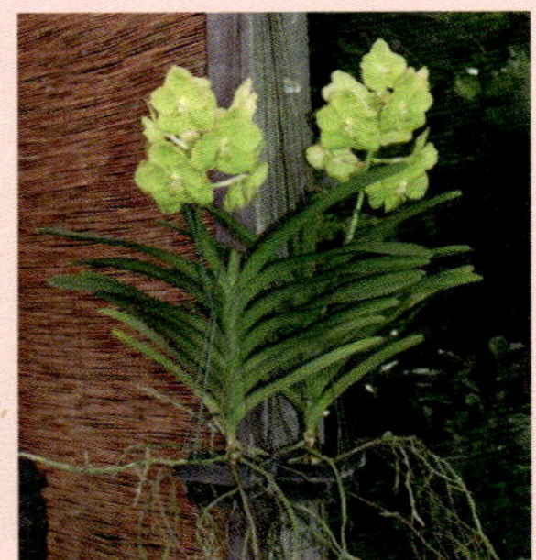

반다

■ 줄기형태에 따른 분류

단경성란	• 하나의 직립성의 줄기가 위로 계속 생장하는 난 • 풍란, 팔레놉시스, 반다 등
복경선란	• 포복성의 줄기나 분지가 나오는 형태의 난 • 카틀레야, 덴드로비움, 심비디움, 온시디움, 밀토니아, 새우란 등

단경성란 <팔레놉시스>

복경성란 <카틀레야>

허브

'Herbs'로 불리고 향기가 있는 식물이라는 의미로 예로부터 향초, 약초, 향신료로 사용되는 식물의 총칭으로 '향신채'라고도 하며, '푸른 풀'을 의미하는 라틴어 '허바(Herba)'에 어원을 두고 있다. 고대 국가에서는 향과 약초라는 뜻으로 쓰이기도 했고 기원전 4세기경의 그리스 학자인 테오프라스토스(Theophrastos)가 식물을 교목, 관목, 초본으로 나누면서 처음 '허브'라는 말을 사용하였다. 현대에 와서는 '꽃과 종자, 줄기, 잎, 뿌리 등이 약, 요리, 향료, 살균, 살충 등에 사용되는 인간에게 유용한 모든 초본식물'을 허브라고 한다.

허브는 고대인들에게 약초로서 큰 힘을 발휘하였다. 중국에서는 기원전 5000년경부터 허브를 사용하였으며 이집트에서는 기원전 2800년경에, 그리고 바빌로니아에서는 기원전 2000년경에 허브를 사용하였다는 사실을 역사적 기록을 통해 알 수 있다. 이집트에서는 미라를 만들 때 부패를 막기 위해 여러 가지 허브를 사용하였다.

라벤더 / 골드레몬타임 / 람스이어 / 헬리오트러프
로즈마리 / 레몬밤 / 체리세이지 / 페퍼민트
파인애플세이지 / 캔들플랜트 / 베르가못 / 바질

화목류

꽃, 잎, 열매 등을 관상하는 목본류이며 절화, 절지, 분화, 화단, 정원수, 관상수 등으로 이용되고 있다. 키의 크기에 따라 온실화목, 교목(2m 이상의 큰 나무), 관목(2m 이하 작은 나무) 등으로 구분한다.

꽃 관상 나무	교목	매화, 벚나무, 동백나무, 목련, 배롱나무 등
	관목	개나리, 장미, 무궁화, 철쭉, 치자나무, 모란, 명자나무, 수국, 조팝나무 등
잎 관상 나무	교목	소나무, 느티나무, 단풍나무, 향나무, 버드나무, 은행나무, 삼나무, 편백 등
	관목	회양목, 주목, 사철나무, 쥐똥나무, 식나무, 돈나무, 꽝꽝나무 등
열매 관상 나무	교목	모과나무, 먼나무, 꽃아그배나무 등
	관목	피라칸사스, 백량금, 남천 등
덩굴식물		능소화, 등나무, 담쟁이덩굴, 부겐빌레아 등

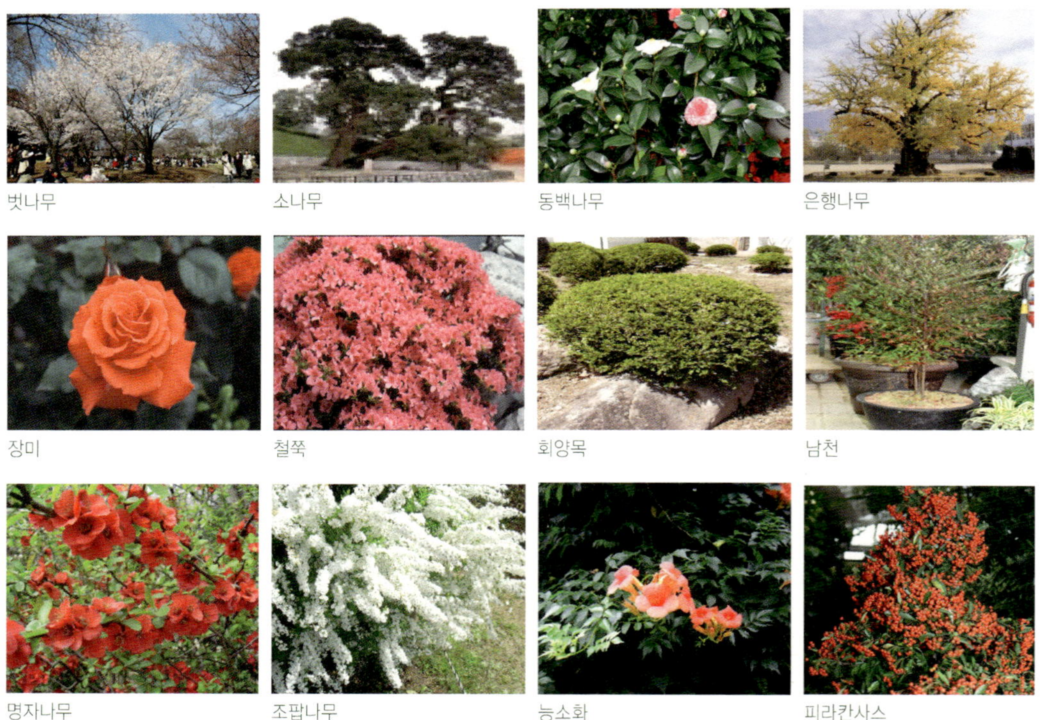

벚나무 소나무 동백나무 은행나무

장미 철쭉 회양목 남천

명자나무 조팝나무 능소화 피라칸사스

■ 과명에 따른 분류

• 국화과
아게라툼, 금잔화, 과꽃, 센토레아, 코스모스, 해바라기, 시네라리아, 매리골드, 백일홍, 샤스타데이지, 국화, 리아트리스, 루드베키아, 다알리아, 홍화, 코스모스, 거베라, 데이지

• 미나리아재비과
델피니움, 매발톱꽃, 작약, 아네모네, 라넌큘러스, 클레마티스, 할미꽃

• 백합과
옥잠화, 알리움, 은방울꽃, 프리틸라리아, 글로리오사, 히아신스, 나리, 무스카리, 튤립, 산세베리아, 엽란, 알로에, 아스파라거스, 산다소니아, 원추리, 수련, 왜개연꽃, 만년청

• 장미과
명자나무, 모과, 꽃아그배나무, 매화, 벚나무, 피라칸사스, 장미, 조팝나무, 점쉬땅나무, 꽃사과, 살구나무, 마가목

• 천남성과
칼라, 칼라디움, 스파트필름, 스킨답서스, 몬스테라, 디펜바키아, 필로덴드론, 안스리움, 싱고늄, 알록카시아, 토란

• 고사리과
파초일엽, 아디안텀, 네프로네피스, 노무라, 박쥐란, 프테리스

• 야자과
아레카야자, 켄차야자, 관음죽, 종려죽, 당종려

• 붓꽃과
붓꽃, 꽃창포, 범부채, 아이리스, 프리지어, 글라디올러스, 익시아, 크로커스

• 석죽과
주머니꽃, 카네이션, 패랭이꽃, 안개꽃, 숙근안개초

• 수선화과
수선화, 아마릴리스, 군자란, 상사화, 문주란

• 꿀풀과
샐비어, 콜레우스, 범의꼬리, 라벤더, 백리향, 로즈마리, 바질

2. 도구 및 장식물

좋은 장식을 이루기 위해 자재에 대한 충분한 지식이 필요하며 장식에 따라 적합한 것을 선택하여 이를 잘 활용하는 것도 중요하다.

꽃 칼(floral knife)

식물 줄기 절단에 사용하며 플로랄 폼이나 포장지 등을 자를 때 사용한다.

꽃이나 가지를 칼로 자르면 줄기 속의 물 흐르는 관을 깔끔하게 자를 수 있어 관상 수명이 연장되어 가위를 사용하는 것보다 좋다.

가위류(floral scissors)

초본성 줄기의 절단에 사용하는 꽃가위와 일반 가위, 목본성 나뭇가지의 절단에 사용하는 전정가위, 무늬를 만들어 주는 핑킹가위, 공예가위 등이 있다.

니퍼(nipper)

철망이나 철사를 자를 때 사용한다.

플라이어(plier)

철사를 자르거나 구부릴 때 사용한다.

톱

굵고 단단한 가지를 자를 때 사용한다.

철사절단기(Wire cutter)

펜치, 니퍼라고도 불리우며 철사나 철사가 들어 있는 소재의 줄기를 자를 때 사용한다.

핀셋(pincette)

작은 꽃 등을 조립하거나 꽃술을 떼어낼 때 사용한다.

가시제거기(thorn remover)

장미줄기 등의 가시 제거에 사용하며 가시 제거기 속에 장미줄기를 넣고 훑어 내리면 가시가 제거된다.

글루건과 스틱(gule gun and stick)

아교성분인 글루스틱을 뒤에 꽂아 전기를 이용하여 녹여 접착제로 사용한다. 쉽게 접착할 수 있으나 뜨거우므로 조심해서 사용한다.

플로랄 테이프(floral tape)

밀랍을 입혀 신축성이 있어 소재를 조합하거나 철사를 가리기 위해 사용한다. 코사지, 부케를 만들 때 꽃의 줄기 대신이나 잎에 철사를 연결할 때 테이프를 감는다. 초록색, 갈색, 흰색 등이 주로 쓰이고 검은색, 빨간색, 파란색, 주황색도 있으며 잡아당겨 늘려서 사용해야 잘 붙는다.

방수 테이프(water proof tape)

플로랄 폼과 수반을 고정할 때 많이 이용되며 사용하고자 하는 곳의 물기를 닦아낸 후 사용한다.

접착점토(adhesive clay)

껌 모양의 점토가 감겨서 판매되며 접착성이 강하여 핀홀더, 침봉, 플로랄 폼 등을 용기에 고정하는 데 사용한다. 표면에 물기가 있으면 붙지 않으므로 물기를 없애고 사용하며 고정 후에는 끈적한 자국을 남기므로 주의해서 사용한다.

핀홀더(pine holder)

플로랄 폼을 고정하며 핀 형태의 플라스틱 받침대이다. 용기 바닥에 점토를 사용하여 핀 홀더를 놓고 그 위에 플로랄 폼을 고정시켜 사용한다.

핀 꽂이

절화장식에 많이 쓰이며 U자형 핀은 이끼나 잎소재를 플로랄 폼에 고정시키는 데 이용한다.

회전테이블(turn table)

작품을 만들 때 자연스럽게 방향을 보여 줄 수 있도록 사용한다.

워터튜브(water tube)

물을 보관할 수 있는 튜브로 절화를 꽂아 싱싱하게 유지하고자 할 때 사용한다.

스프레이(spray)

건조화, 조화, 용기 등에 사용하는 착색용과 광택용, 수분 증발을 막아주는 증산억제제 등이 있다.

절화수명 연장제(절화 보존제)

절화의 수확 후 수명을 연장하기 위해 사용하는 약품이다.

핀홀더

회전테이블

케이블 타이

플로랄 폼(floral form)

꽃이나 식물의 줄기를 고정시키는 재료이며 일반적으로 사용되는 방법이다. 오아시스(Oasis)는 플로랄 폼의 상품명으로 꽃의 방향을 자유롭게 디자인할 수 있어 다양한 형태를 가능하게 하였다. 플로랄 폼은 벽돌 모양(L 23 × W 11 × H 8cm)이 일반적이며 다양한 형태의 플로랄 폼이 제작되어 판매 되고 있다. 비흡수성 플로랄 폼은 드라이 플라워나 실크 플라워, 인조 재료를 고정하는 데 쓴다.

철망(chicken wire)

초록색으로 코팅되어 있어 녹슬지 않아 재사용이 가능하며 용기 속에 넣어 줄기를 고정하기도 하고 형태를 만들거나 틀을 만들 때 사용하며 플로랄 폼이 흐트러지지 않게 한다.

부케 스탠드(bouquet Stand)

신부부케를 제작하거나 고정시키는 역할을 할 때 사용한다.

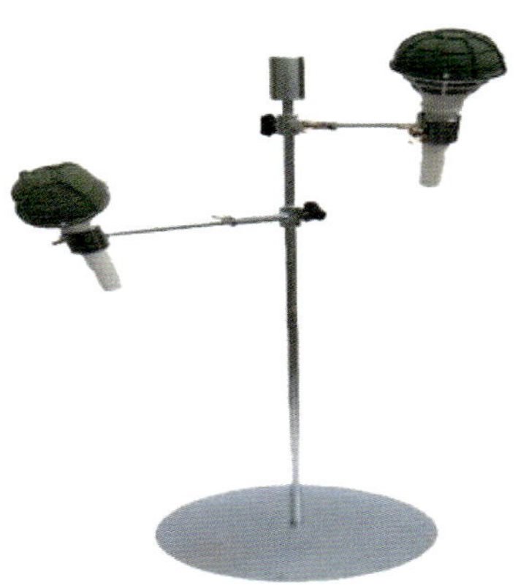

침봉

동양꽃꽂이에서 꽃이나 가지를 고정할 때 사용한다.

부케 홀더(bouquet Holder)

홀더의 틀에 플로랄 폼이 세팅되어 있어 절화나 절엽 등을 꽂아 부케를 장시간 유지해주는 기구인데 홀더에서 물이 흐르지 않도록 주의가 필요하다.

끈

식물재료를 묶거나 장식적으로 사용하며 라피아, 왕골끈, 마끈, 생사, 견사, 낚싯줄 등 작품연출 및 굵기, 색상에 따라 연출할 수 있다.

라피아(Raffia)

야자잎으로 만든 끈으로 꽃다발을 묶을 때나 장식으로 사용하며 물에 담구어 사용하면 튼튼하게 고정된다.

철사류(Wire)

여러 가지 두께의 철사로 번호(#18~#32)가 있으며 숫자가 높을수록 가늘고 번호가 낮아질수록 두꺼워진다. 장식품을 제작하기 쉽도록 꽃, 줄기, 잎 등을 지지하거나 고정하는 데 사용하며 칼라와이어, 디자이너와이어, 릴와이어, 엔젤 헤어 등이 있다. 재료의 크기나 중량, 철사처리 방법, 용도에 따라 알맞은 색과 굵기에 따라 가볍고 안정하게 제작되도록 해야 한다.

케이블 타이(Cable tie)

전기선이나 철근을 묶는 도구이며 최근에는 작품을 고정할 때 적 · 황 · 흑 · 백 · 녹 · 흰색 등 장식으로 사용한다.

용기

항아리, 수반, 굽이 달린 콤포트, 꽃병, 바구니, 플라스틱 박스 등 판매되고 있는 용기뿐만 아니라 주변에 활용할 수 있는 다양한 용기의 선택으로 작품에 맞게 사용한다. 유리, 나무, 플라스틱, 토분, 도자기, 스테인리스, 테라코타, 석재 등 작품과 특징에 맞는 자연스러운 재질의 용기를 선택한다.

- 도자기: 점토로 만든 용기에 유약을 바르고 고열처리한 것으로 질감과 자연스러운 분위기를 연출할 수 있다.
- 스테인리스스틸: 광택이 있으며 차갑고 현대적 감각의 느낌으로 가볍고 사용이 편리하다.
- 테라코타: 다공질의 재질로 통기성 좋고 자연미를 연출한다.

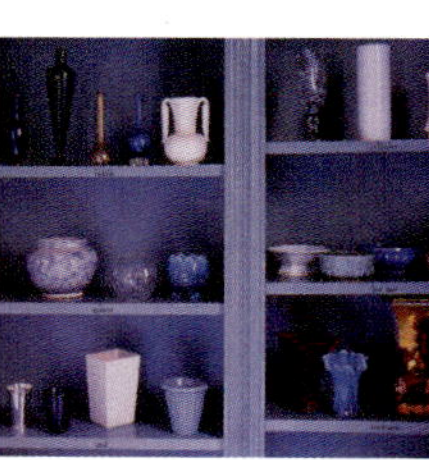

리본(ribbon)

꽃을 묶거나 돋보이게 포장하거나 작품디자인을 할 때 중요하게 사용된다. 레이스, 망사, 종이, 직물, 폴리에스테르, 플라스틱, 섬유질 등 색상과 크기가 다양하다.

포장지

장식품의 미적 효과를 높이고 안전하게 사용할 수 있는 기능을 가지고 있으며 셀로판지, 색한지, 부직포, 마, 알루미늄호일에 코팅을 한 폴리호일 등 여러 가지가 있다. 방수 및 투과의 기능 및 환경 친화 재료 등 그 종류에 따라 신선도에 영향을 미치므로 포장 시 계절 및 장소 등을 고려하여 포장지를 선택한다.

- 부직포: 다양한 색상과 부드러운 촉감의 재질이며 물에 젖지 않아 꽃 포장에 효과적이다.
- 셀로판지: 투명하며 물에 젖지 않고 광택, 선명함이 있어 기능적 · 장식적으로 이용된다.
- 한지: 전통한지에 물감을 들여 고급스런 포장지로 이용되며 물에 약하므로 셀로판지와 함께 이용한다.

카드와 꽂이

다양한 카드 및 카드 꽂이가 있어 전하고자 하는 메시지를 적거나 식물 관리요령이 적힌 카드를 사용 목적과 분위기에 맞춰 사용한다.

첨경물과 액세서리

작품의 느낌을 살리고 돋보이게 하는데 조각물, 분수, 초, 풍선 등은 기능적이고, 분위기를 고조시킬 수 있어 크기, 색상, 재질에 맞게 사용하여 작품의 활용도를 높여 준다.

Chapter 4
화훼장식의 효과 및 기법

1. 장식효과법

플로랄 폼

꽃꽂이를 위해 특별 제작된 다공성 물질의 녹색 플로랄 폼은 물을 흡수함과 동시에 원하는 형태를 만들어 내기 쉽도록 하기 위해 쓰인다. 받아둔 물통에 플로랄 폼을 서서히 가라앉도록 하는데 이때 물을 부으면 안 된다. 손으로 눌러서 흡수시키면 플로랄 폼 안에 공기가 생겨 꽃을 꽂을 때 쉽게 시들 수 있으므로 공기가 들어가지 않도록 한다.

플로랄 폼 이용 예시

와이어링

철망의 구멍 사이로 꽃과 나뭇가지를 걸치는 방법으로 플로랄 폼만큼 섬세한 형태를 만들지는 못하지만 소재에 따라 자연스럽고 느슨한 형태를 만드는 데 도움이 된다.

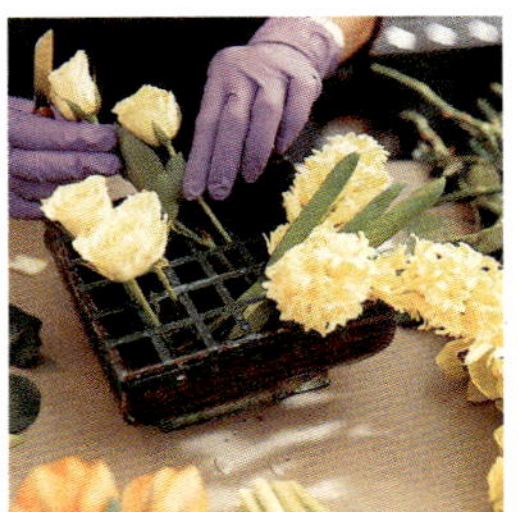

용기(화기)

꽃을 담아서 장식하는 화기가 반드시 고급스러워야 할 필요는 없다. 높고 낮으며 둥글고 각이 있는 다양한 모양뿐만 아니라 그 재질에 있어서도 금속, 도자기, 유리, 나무, 종이, 헝겊, 플라스틱 등과 같이 색상과 질감이 다른 화기를 많이 갖추고 있다면 자유로운 창작을 할 수 있다.

- 항아리: 모양과 크기, 형태에 따라 사용방법이 다를 수 있다.
- 수반: 도자기나 금속, 플라스틱으로 만들어진 깊이가 얕은 용기이다.
- 투명 그릇: 투과성의 유리나 플라스틱의 볼은 청량감을 주는 용기이다.
- 물병: 물병, 꽃병 등의 화기는 간단하게 망을 구겨 넣어 꽃을 장식하는 용기이다.
- 높이가 낮은 볼: 침봉이나 폼을 놓아 장식하는 용기이다.

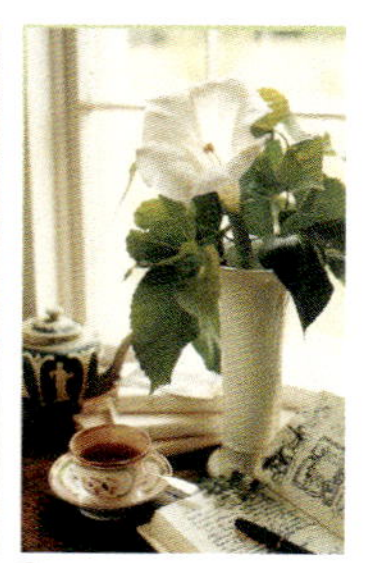

침봉

침봉은 바닥이 무거운 납으로 되어 그 위 날카로운 핀이 촘촘히 박혀 나뭇가지를 주소재로 조형하는 데, 주로 동양꽃꽂이의 줄기 고정에 이용한다.

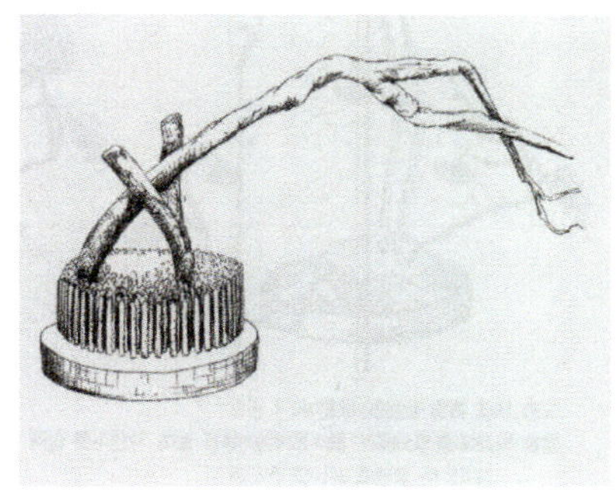
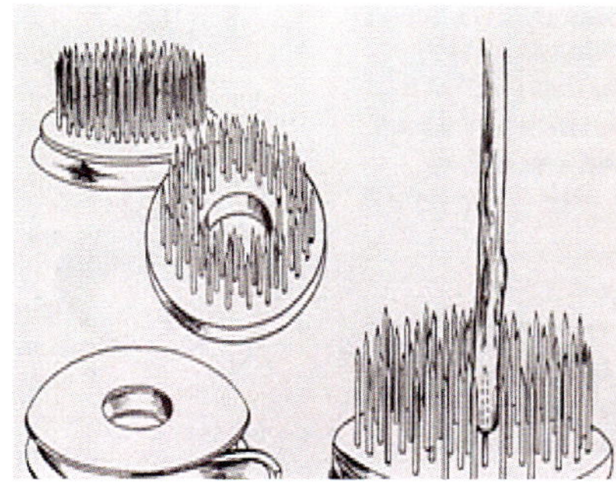

묶기 · 엮기 · 꽂기

라피아로 줄기를 묶어 그대로 용기에 꽂을 수 있는 꽃다발을 만들거나 구조물에 줄기를 부착시킬 때 이용한다. 긴 줄기나 잎을 여러 가지 방법으로 엮어 고정과 장식효과를 동시에 줄 때도 쓰이고 자유로운 현대식 디자인에 많이 이용된다.

놓기 · 들기 · 매달기 · 걸기 · 늘어뜨리기 · 감기

장식한 꽃을 놓는 것으로는 화병에 꽂는 것과 동양꽃꽂이, 테이블 꽃꽂이, 꽃다발, 꽃바구니, 부케를 들 수 있다. 화환(리스), 레이(목에 거는 것), 갈런드(절화 · 절엽 등을 길게 엮은 장식물), 결혼식장 장식, 연회장 장식, 장례용 화훼장식 등에 연출한다.

리본 · 보 등의 액세서리

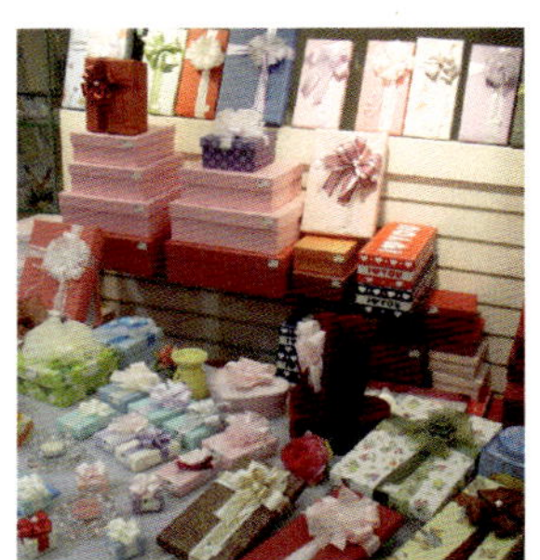

꽃에 장식적 효과를 주기 위해 쓰이며 리본의 너비는 0.5~7cm 정도에 색상이 다양하며 부케, 리스(화환), 코사지, 부토니아 등에 쓰인다.

화분포장

포장은 식물을 보호하는 것을 목적으로 하며 포장 재료로는 라피아, OPP지, 셀로판지 등이 쓰인다.

식재

건물의 현관 부위, 일반 주택의 테라스, 패티오, 창가 발코니, 옥상정원 등에 배치되며 단독 또는 정원의 부분으로 이용한다.

조화

자연의 생화(生花)를 모방해서 만든 꽃으로 종이, 플라스틱류로 만든 꽃이며 아트플라워라 하기도 한다.

2. 장식의 디자인 기법

장식에서의 디자인 기법은 기술적 요령인 동시에 디자인의 일부로 사용되는 것으로 현대 디자인에서의 기법은 한마디로 규정할 수 없을 만큼 매우 다양하다.

다양한 기법으로 연출하여 관람자로 하여금 시각적인 즐거움과 완성도를 높여준다.

베이싱(basing)

테라싱 기법(Terracing): 계단식 기법

입체감과 통일감을 주며 면적인 소재를 계단모양으로 차례로 배치한다. 베이싱 부분을 입체적으로 시각적인 경로를 강조한다.

레이어링(Layering): 포개기 기법

공간 없이 빽빽이 포개어 큰 면을 만들어 주며 작은 소재를 차례대로 겹쳐 부피감과 면을 만드는 표현이 가능하다.

클러스터링(Clustering): 무리짓기 기법

하나의 개체처럼 인식하여 시각적으로 확대해서 작은 소재들을 하나의 다발을 만드는데 형태, 색, 질감 등이 시각적으로 돋보이게 하는 기법이다.

스테킹(Stacking): 쌓기 기법

차곡차곡 쌓거나 단을 쌓아 올리면서 입체감과 소재들의 시각화를 확대시킨 기법으로 소재사이에 공간이 생길 수 있으나 최소화 하도록 한다.

필로윙(Pillowing): 베개 모양

소재들을 그루핑하여 약간 높낮이 있게 베개 모양으로 배열한다. 평면적인 베이싱을 피하기 위해 여러 재료들을 볼록하게 모아 높이와 질감을 다르게 표현하여 언덕처럼 자연스럽게 곡선이 생기도록 작은 꽃들을 꽂아주는 방법이다.

파베(Pave): 빈 곳이 보이지 않게 가득 메우기

작은 보석이나 돌을 촘촘히 박아놓는 것처럼 표면을 폐쇄적으로 밀집시켜 편평한 모양으로 표현하기 때문에 색채와 질감이 뚜렷하게 나타난다. 소재들을 간격 없이 빽빽하게 배치하여 납작하게 정리된 디자인을 강조하고 싶을 때 사용한다.

그루핑(Grouping): 집단화

소재들을 함께 모아 놓거나 분류해서 배치하는 방법으로 각각의 그룹으로 구별되어 깨끗하고 정리되게 배치한다. 비슷한 꽃, 색, 모양을 함께 모아 시선을 집중시켜서 강한 이미지를 준다. 클러스터링과는 다르게 충분한 공간이 필요하다.

조닝(Zoning): 구획 나누기

넓은 곳을 디자인 할 때 사용하는 디자인으로 간격을 두면서 소재의 반복사용으로 빈 공간에 의해 각 그룹의 형태와 색상이 두드러져 보이는 효과를 나타낸다. 공간이 반드시 연출되므로 고급스러운 소재를 강조하여 디자인의 포인트를 주기 위해 사용한다.

패러렐(Parallel): 평행 기법

작품이 정렬되어 소재의 특성이나 개성이 강하게 표현되고, 음화적 공간, 양화적 공간, 삭제된 공간이 돋보인다. 줄기의 배열이 같은 방향으로 병행을 이루며, 수직, 수평, 사선, 직선, 곡선 등으로도 표현이 가능하다.

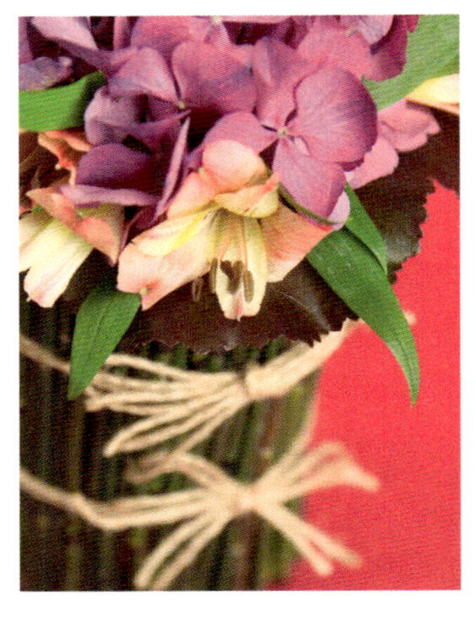

밴딩(Banding): 묶기 기법

기능성보다는 장식적인 목적으로 끈으로 묶거나 감아서 소재를 강조하고 변화를 주어 시선을 유도한다. 질감과 색감을 주어 시각적 자극을 주고자 하며 라피아, 끈, 컬러와이어, 리본 등을 쓴다.

바인딩(Binding): 결속 기법

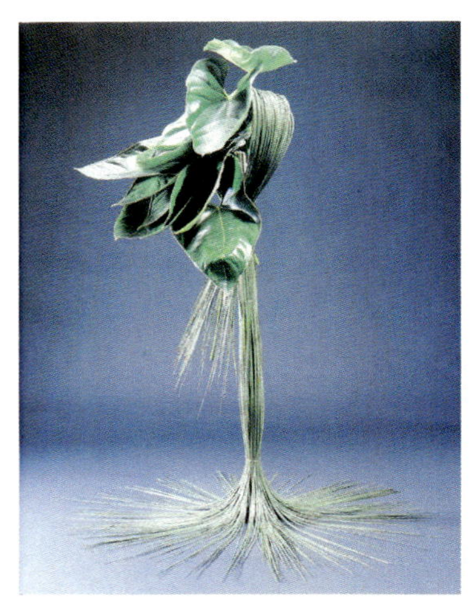

줄기가 약하여 혼자 힘으로는 지탱하기 어려운 소재들을 모아 구성할 경우에 사용하는데, 소재를 모아주기 때문에 시선을 강하게 유도한다. 플로랄 폼을 가려주기도 하며 소재들을 기능적으로 단단히 묶는 것으로 디자인의 아래쪽에 사용하며 시각적이고 질감 있는 효과를 준다. 강한 이미지를 만드는 기법은 테라싱(Terracing), 클러스터링(Clustering), 파베(Pave), 필로윙(Pillowing) 등이 있다.

번들링(Bundling): 다발짓기 기법

볏짚, 옥수수 다발, 오두막처럼 유사한 소재들을 한 단위로 묶는 기법이다. 바인딩과는 다르며 여러 개로 묶일 수도 있고 한 덩어리로 묶을 수도 있다.

섀도잉(Shadowing): 음영 기법

작품의 입체적 깊이감을 주기 위하여 같은 소재를 가깝게 배치하여 그림자가 거울에 보이게 하는 방법이다. 비슷한 두 소재를 뒤쪽이나 어슷하게 오른쪽, 왼쪽 등으로 간격을 주고 비켜서 배치하며 소재 간의 간격을 지나치게 멀리 두지 않도록 한다.

프레이밍(Framing): 테두리 기법

작품 특정 부분에 시선을 끌기 위해 울타리 역할을 하는 소재를 배치하는 것으로 작품의 초점을 강조하고, 여백의 미가 중요시되어 음화적인 공간이 돋보인다. 작품 전체가 돋보이도록 프레이밍으로 둘러 중심부 쪽으로 시선을 강조하기도 한다.

시퀀싱(Sequencing): 차례짓기 기법

가장자리로 갈수록 가볍고 작은 소재를 배치시키며, 중심부로 갈수록 어둡거나 무게감을 주는 소재를 꽂아 리듬감을 살려주고 식물의 생장단계 모습, 시간적인 흐름을 유도한다. 꽃봉오리에서 시작해서 차츰 핀 꽃의 차례로 소재의 점진적인 변화를 주어 시각적인 안정감을 준다.

프레임(Frame): 구조물 기법

적은 양의 꽃을 가지고 대형 작품을 제작할 수 있는 기법으로 입체적이고, 볼륨감 있는 작품을 만들 때 아주 적합하다.

알아두기

■ Line flower

- 선이 강조될 수 있는 직선 곡선을 강조하는 것으로 작품의 외곽에 배치하며 전체적인 형태를 잡는 데 사용한다.
- 스토크, 글라디올러스, 리아트리스, 델피늄, 용담, 부들

■ Mass flower

- 한 송이의 큰 둥근 꽃을 이루며 작품 안에서 중앙초점의 볼륨을 내는 데 사용한다.
- 장미, 다알리아, 작약, 카네이션, 해바라기, 수국

■ Form flower

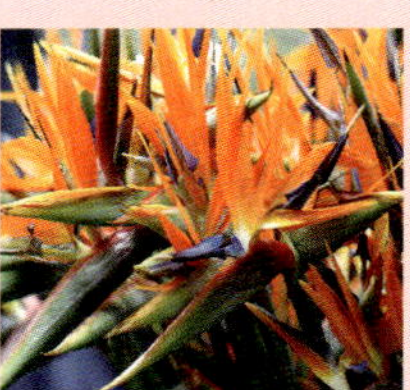

- 개성적이고 특징적인 형태를 가진 꽃으로 높낮이의 악센트를 준다.
- 극락조화, 나리, 카틀레야, 튤립, 안스리움, 칼라, 아이리스, 양란

■ Filler flower

- 라인, 매스 플라워의 공간을 메우는 꽃으로 입체감을 준다.
- 미스티블루, 안개, 솔다고, 스타티스

Chapter 5
꽃꽃이

1. 꽃꽂이란

일정한 원칙과 예술의 기본원리를 응용하고 기하학적인 구성을 활용하여 꽃이라는 생명력 있는 소재를 가지고 입체적인 공간에 창조적 조형(造形) 활동을 하는 것이다. 꽃을 주소재로 하여 색을 표현하면서 때와 장소에 맞추어 선과 공간을 강조하는 생활예술이다. 국어사전에는 "꽃이나 나뭇가지를 물이 담긴 꽃병이나 수반에 꽂아 자연미를 나타내며 꾸미는 일 또는 기법"이라고 쓰여 있다. 서양의 경우 플라워 어레인지먼트(flower arrangement)로 배치와 정리를 의미하며 플로랄아트(floral art), 플라워디자인(flower design)이라고도 한다. 동서양에서 모두 식물을 재료를 사용하여 아름답게 장식한다는 의미를 가지고 있다.

2. 동양꽃꽂이

동양에서는 자연숭배사상의 영향으로 인간을 자연의 일부로 생각하여 인간은 결국 자연으로, 곧 우주의 원소로 돌아간다고 믿었다. 동양의 자연관은 자연 가운데 신적인 요소나 인간적인 요소가 포함되어 있어 신 · 인간 ·자연의 삼자가 내면적으로 결부되어 있다. 전통 꽃 예술도 삼(三)의 천(天) · 지(地) · 인(人) 구성, 즉 3개의 가지가 중심이 된 삼각구성을 기본으로 하고 있어 1, 2, 3주지의 기호로서 사용하고 있다. 1주지(○), 2주지(□), 3주지(△)의 기하학적 형상은 우주의 본질을 형태적으로 포착하려는 고대인의 기하학적 사고에서 유래되었다.

3개의 주지에 의해 작품의 높이, 넓이, 깊이가 결정되며 1주지(○)의 각도에 따라 직립형, 경사형, 하수형 등으로 구분된다. 1주지의 길이는 '(화기의 길이+높이) × 1.5~2'로, 2주지는 1주지의 2/3, 3주지는 2주지의 2/3로 정한다.

직립형(바로꽂기)은 가장 기본적인 화형으로 나무의 선이 곧고 직선으로 0~15° 수직으로 꽂는다. 경사형(기울여서 꽂기)은 나무의 선이 부드러운 곡선으로 40~50° 방향으로 동적이고 경쾌한 느낌이 난다. 하수형(늘어뜨려 꽂기)은 아래로 떨어지는 나무의 선이 수평선에서 30° 정도 늘어뜨려 꽂는다. 그 외에도 자연 묘사에 따라서 방사형(사방에서 꽂기), 분리형(나누어 꽂기), 복합형(거듭꽂기), 부화형, 자유형 등으로 분류된다.

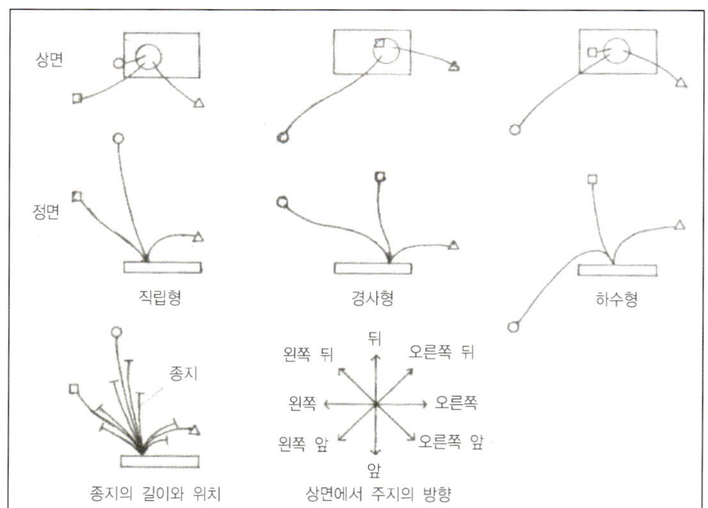

주지방향형	자연현상형
직립형	방사형
경사형	분리형
하수형	복합형
수평형	부화형
	자유형

동양식 꽃꽂이의 구성 양식

3. 서양꽃꽂이(Western style)

신전에 헌화를 바치던 이집트가 서양꽃꽂이의 발생지이며, 영국에서 움직임이 일어난 후 미국으로 건너가 체계적인 이론이 정립됨으로써 발전하게 되었다. 전체적으로 형태를 중심으로 이루어지고, 식물을 다채롭게 사용하여 장식성을 중시한 표현이 주를 이루며, 직업적 활용도와 상품성이 강하여 실용화된 스타일이다.

고전 디자인 기하학적 형태 (classic design)	▪ 곡선구성: 반구형, 구형, 원추형, 초승달형, S자형, 부채형, 타원형 ▪ 직선구성: 수직형, 수평형, L자형, 삼각형(대칭, 비대칭), 역T형
진보한 고전 디자인 (advanced classic design)	▪ 밀레 드 플레르, 비더마이어, 피닉스, 워터풀, 조경적 디자인, 식물학적 디자인, 선적 디자인, 웨스턴라인 디자인, 평행적 시스템 디자인, 뉴 컨벤션디자인, 포멀 리니어, 쉘터드, 파베, 뉴 웨이브, 추상적 디자인 등

수직형(Vertical)

높이를 강조하는 화형으로 우월감, 상승감 강인함, 역동적인 느낌을 연출하고자 할 때 사용되며, 천정이 높은 곳과 폭이 좁은 공간에 잘 어울린다. 수직형은 화기폭을 벗어나지 않도록 제작하고 화기 길이의 1.5~2배 정도의 높이를 이루며 길이가 긴 화병을 사용하여 수직선을 더욱 강조한다.

수평형(Horizontal)

수평적인 선이 강조되는 형으로 안정감, 고요함, 평화로움을 연출할 때 사용되는 디자인으로 테이블 연출에 많이 활용되는 화형이다. 낮은 화기에 장식하는 것이 일반적인데 테이블 장식 연출 시 대화에 방해가 되지 않도록 주의가 필요하며 긴 테이블 위에 여러 개의 작품을 나열하여 연출하기도 한다.

L자형(L-shape)

직선적 구성을 가진 L자형은 긴 수직선과 짧은 수평선이 결합된 형태로 외곽선 빈 공간에 두면 L자형이 뚜렷하게 인지되며, 양쪽에 하나씩 장식하면 화려한 느낌을 준다. 2개 이상 쌍을 이루어 교회, 창가, 벽난로 위, 방 안의 코너, 테이블 장식 등에 이용된다.

삼각형(Triangular)

삼각형은 크게 대칭삼각형, 비대칭삼각형으로 나누고, 대칭삼각형에는 정삼각형, 이등변삼각형이 있으며 이는 소재의 배분, 거리 및 형태와 시각적인 대칭을 이루는데, 대부분 근엄하고 안정감이 나타난다. 비대칭삼각형은 중심축으로부터 좌우 다르게 배열되지만, 시각적으로 균형을 이루어 대칭삼각형에 비해 자유롭고 자연스러운 느낌이 들며, 활동적이고 밝은 느낌이 강하다.

역T자형(inverted T)

알파벳 T를 거꾸로 세운 형태로 수직과 수평이 만나는 형태이며 안정감과 수직적인 위협감을 주고자 할 때 연출하는 화형이다. L자형을 두 개 합쳐 놓은 모양과도 비슷하고 좌우대칭이며 분수모양처럼 올랐다가 떨어지는 모습으로 파티, 교회 성전장식 등에 이용된다.

반구형(Dome)

원을 반으로 자른 형으로 사방에서 감상할 수 있고, 대칭형으로 줄기는 한 점을 향하여 배열된다. 또한 귀엽고 사랑스러운 이미지를 연출할 때 많이 활용되고, 형태의 단순미로 인하여 색채에 변화를 주면 효과는 더 커진다. 주지의 길이에 따라 작품의 크기 조절이 가능해서 다양한 장소에서 많이 활용된다.

구형(Ball)

공 모양으로 완전함과 영속성을 상징하며, 모든 줄기는 방사형으로 배열된다. 공중걸이나 운동감을 나타낼 때 활용되고 중심축을 기준으로 원모양의 입체적 형태로 사방에서 감상할 수 있다.

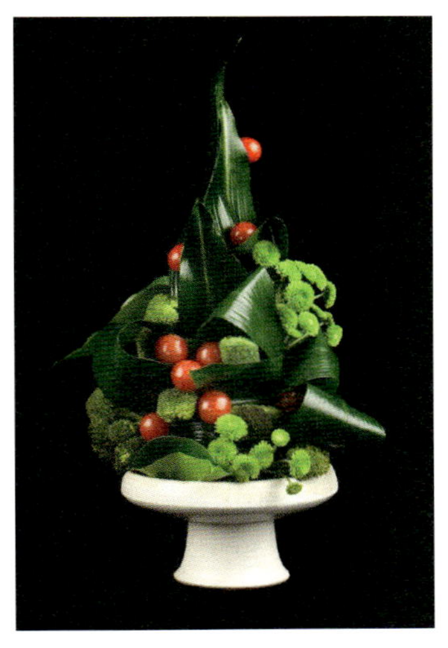

원추형(Corn)

비잔틴시대의 대표적인 화형으로 바닥은 원형, 측면은 대칭 삼각형으로 제작하며, 화려한 분위기를 연출할 때 사용하면 좋다. 입체 기하형의 전형적인 비잔틴시대 형태로 작품의 크기에 따라 소품에서 대규모 공간장식에 이르기까지 널리 이용된다.

초승달형(Crescent)

알파벳 C자와 흡사하고, 원을 1/4로 나눈 형태로 바로크 시대에 많이 사용되었으며, 곡선을 살려 품위 있고 화려하면서도 부드러운 분위기를 연출할 때 사용된다. 또한 황금비율인 3:5:8을 지켜 제작하면 자연스러운 초승달형을 제작할 수 있고, 곡선이 강조된 화형으로 쉽게 구부릴 수 있는 곡선적인 소재를 사용해야 한다.

S자형(Hogarth line)

18세기 영국의 화가인 윌리엄 호가스에 의해 만들어진 화형으로 알파벳 S자 모양의 곡선으로 선의 아름다움을 표현한 형이다. 또한 구부러지는 소재를 이용하여 흐르는 듯한 시각적 효과를 주고 화려한 분위기에 어울리는 형이다. 아래로 흐르는 곡선은 덩굴 소재나 부드러운 나뭇가지로 자연스럽게 연출하며 초점은 중심부에 방사형으로 제작한다.

부채형(Fan-shape)

부채 모양의 형태로 주로 한 면에서 감상하고, 좌우대칭으로 제작하며 줄기의 배열은 방사형으로 배열하여 부채를 펼친 느낌이 나도록 제작한다. 적은 양의 소재로 화려하고 규모가 크게 보이는 작품을 할 때 이용하며 앞모습은 부채를 편 모양으로 옆에서 보았을 때 볼륨감이 없이 납작하다. 퍼져나가는 방사형은 화려한 톤의 순색이나 난색과 사용하면 더욱더 동적인 느낌이 강조된다.

타원형(Oval)

원을 반으로 자른 형으로 사방에서 감상할 수 있고 대칭형으로 줄기는 한 점을 향하여 배열된다. 또한 귀엽고 사랑스러운 이미지를 연출할 때 많이 활용되고, 형태의 단순미로 인하여 색채에 변화를 주면 효과는 더 커진다. 주지의 길이에 따라 작품의 크기 조절이 가능하기 때문에 다양한 장소에서 자주 활용된다.

사각형(Square)

사각의 형태로 높이를 결정하는 2개의 선과 아래의 길이를 결정하는 2개의 선으로 구성하며, 소재에 따라 달리 표현되는데 대체적으로 딱딱한 느낌이지만 깔끔하게 연출된다.

밀르 드 플레르(Mille de fleur)

'많은 꽃', '수천 송이의 꽃'이라는 뜻으로 낭만주의시대를 대표하며 디자인의 표현은 볼륨감 있게 다양한 종류와 다양한 색상의 배합으로 구성하여 풍요로움과 화려한 느낌을 주는 형태이다. 비더마이어처럼 꽂지 않고 더 넓게 간격을 두어 깊이와 크기를 조절하며, 대칭적이고 패턴화된 소재들과 색의 배합을 이룬다.

비더마이어 (Biedermeier)

소재들을 촘촘하게 구성하는 디자인으로 색, 질감, 형태 등을 일정한 규칙성을 두어 표현하여 시각적으로 강조하고 로맨틱하며 낭만적인 분위기를 준다. 부러지거나 짧은 줄기의 꽃도 사용할 수 있는 장점도 가지고 있는 형이다. 빽빽한 둥근형과 타원형으로 피라미드형을 만들기 위해 맨 위에서부터 시작하여 아래쪽으로 내려오면서 많은 꽃들을 이용하여 둥근 언덕처럼 만들어 둥근 링이나 열로 표현한다. 목이 부러진 꽃들도 사용이 가능하나 비용이 많이 들고 노동력 소모도 많다.

자연적인 구성

워터폴(Waterfall)

폭포처럼 떨어지는 모습을 재현한 디자인으로 가벼운 소재를 이용하여 겹겹이 층을 쌓아 자연스럽게 아랫부분으로 향하게 배열하는 디자인이다. 작은 꽃들을 뒤섞인 형태로 배치하여 화기 중앙으로 솟구쳐 흐르는 것처럼 보이도록 시각적 비율을 중요시하며 여러 소재를 겹으로 레이어링 하여 깊이를 표현한다. 식물소재 외에 작은 조각, 실, 깃털, 진주, 구리철사 등을 장식적인 요소로 사용하여 폭포수의 물보라 느낌을 연출하기도 한다.

식물 생장적(Vegetative)

식물 소재를 자연 속에 생장하는 형태로 소재의 특성을 살려 비대칭으로 자유롭게 표현하며, 비슷한 소재들끼리 그룹배치와 단짓기 기법을 통하여 통일감 있게 한다.

조경적(Landscape)

정원처럼 만드는 스타일로 식물 생장적 디자인보다는 좀 더 구조적이고, 형식적으로 구성하는 스타일이다. 또한 조경적 디자인은 같은 색, 질감, 형태 등을 그룹지어 표현하여 정리 · 정돈된 느낌이 든다. 미리 계획하여 정원에 식물을 심어 놓은 듯 시각적으로 식물 소재들이 표현된다.

식물학적(Botanical): 풍경양식

식물이 생장하는 과정을 재현하여 뿌리, 봉오리, 꽃, 낙화까지 표현한 디자인으로 계절감을 표현하기도 하며, 개성 있는 작품이 될 수 있다. 구근식물이 주소재가 되어 식물의 생장과정들이 그대로 묘사되어서 식물의 일대기를 표현하는 디자인이다.

선형적인 디자인

웨스턴 라인(western line)

음화적 공간이 많은 디자인으로 작품이 간결하게 느껴져, 웅장하고 화려한 느낌보다는 심플하고 간소한 느낌이 연출되며, 적은 양의 특징 있는 소재들로 연출한다.

비대칭삼각형보다 부드러운 느낌의 L자형의 흐름을 사용하며 일반적으로 디자인의 높이는 디자인폭의 1.5~2배를 이룬다.

평행적 시스템(Parallel systems): 병렬체계

소재의 다수가 서로 수평, 수직, 혹은 대각선으로 배열되는 디자인으로 이들은 고유의 생장점을 가지고 있으며, 평행적 시스템은 크게 평행 생장적 디자인, 평행 장식적 디자인, 평행 그래픽 디자인으로 분류한다. 디자인의 표현은 주그룹, 보조그룹, 역그룹의 표현과 그룹별 배치, 단짓기, 음성적 공간, 양성적 공간, 삭제된 공간, 의도적 교차 등을 살려 표현하기도 한다.

뉴 컨벤션(New convention): 새로운 풍습

평행적 시스템의 변형으로 작품 안에서 수직과 수평을 강조하는 디자인으로 수직과 수평이 만나는 어스 포인트(earth point)를 지정하여 소재를 꽂는다. 전체적인 균형을 이루기 위해 소재들을 잘 정돈한 상태로 세워 전원적인 느낌을 기본으로 현대적인 느낌을 더불어 연출할 수 있다.

포멀 리니어(Formal linear): 형태와 선적인 디자인

작품 소재의 양을 최소한으로 하고 선과 공간을 강조한 디자인으로 포멀 리니어는 명확한 선들로 강조하여 최대한의 시각적인 효과를 위해 강하게 대조되어야 한다. 이를 위해서는 소재의 종류를 적게 하고, 색의 종류가 많으면 혼잡해 보일 수 있으므로 색의 종류도 적게 배열한다. 소재들을 수직으로 배치하여 곧고 형식적인 느낌의 단조롭고 강한 분위기로 표현한다.

쉘터드(Sheltered)

보호받거나 피난처를 제공받는다는 뜻으로 형태는 아랫부분이 낮게 배열되는 기법들을 활용하고 윗부분은 안에 있는 것을 보호할 수 있도록 배열하면서 바깥쪽에서 아랫부분을 들여다 볼 수 있도록 하여 흥미를 유발하는 형이다. 공간 속에 소재들이 보호 받을 수 있는 형태로 아랫부분은 베이싱 기법을 많이 사용한다.

파베(Pave)

보석을 박은 것처럼 빽빽하게 배열하는 디자인으로 소재의 크기, 질감, 색감을 다르게 표현하여 시각적으로 강하게 대조되게 하는 디자인이다. 튀어나온 부분 없이 촘촘하고 평평하게 구성하여 색감과 질감이 돋보이는 현대적인 장식 디자인이다.

뉴 웨이브(New wave)

실험적인 디자인으로 평범한 소재들을 디자이너의 창의력을 바탕으로 소재들을 구부리고 땋고 컬을 줘서 시각적으로 강조하고 신선하며 개성있는 표현을 연출할 수 있다. 크기에 제약이 없고 대조적인 듯한 색의 혼합, 기하학적인 형태, 상대적 배치 등의 특색을 이루어 파격적이다.

추상적(abstract)

관습에 얽매이지 않는 자유로운 디자인으로 인공적인 소재와 자연적인 소재를 결합하여 초현실적 · 추상적이며 기계적인 느낌이 표출된 디자인이다. 실제의 모습을 표현하는 것보다는 새롭고 어려운 표현을 하는 진보적 · 형이상학적 표현을 한다. 번들링(bundling), 스태킹(stacking) 등을 사용하여 자유롭고 파격적으로 구성한다.

4. 유러피언 스타일(European style)

고전 스타일에서 벗어나고 싶은 플로리스트들에 의해 독일, 네덜란드, 벨기에, 프랑스 등 북유럽 국가 중심으로 발전하였으며, 자연 그대로 구성하는 조형적 원리를 근거로 하여 식물의 개성과 움직임, 질감 등을 살려 디자인한다. 유러피언 스타일은 식물 생장적 디자인, 장식적 디자인, 평행적 디자인, 형태와 선적 디자인으로 나눈다.

식물 생장적 디자인(vegetative)

식물의 생태적 모습과 특징적인 것을 재현한 자연의 법칙을 표현한 디자인으로 화기 안, 밖에서 생장점을 표현한다.

장식적 디자인(decorative)

식물 생장적 디자인과는 다른 인위적인 느낌이 들도록 화려하고 풍성하게 구성하는 디자인이다. 기술적인 면을 이용하여 인위적 표현을 강조한다.

평행적 디자인(parallel)

소재의 절반 이상이 수평, 수직, 사선 등으로 배열되고 고유의 생장점을 가지고 있는 화형이다.

형태와 선적 디자인(formal-liner)

특이한 형태와 움직임을 가지고 있는 소재를 이용하여 공간과 선을 강조한 비대칭 디자인으로 긴장감과 시각적 강조를 나타내는 디자인이다.

■ 제작 시 주의사항 & 제작 순서

- 제작하는 형태, 용도, 크기, 색상, 질감 등 목적을 확실히 파악해야 한다.
- 형태를 결정한 후 적당한 용기와 플로랄 폼의 높이를 결정해야 한다.
- 꽃은 형태별 선 꽃(line), 뭉치 꽃(mass), 형태 꽃(form), 채우기 꽃(filler)으로 분류한 후 line → mass → form → filler 순으로 꽂는다.
- 줄기는 사선으로 잘라 물을 머금을 수 있도록 견고하고 깊게 꽂는다.
- 플로랄 폼에 꽂을 때 플로랄 폼과 줄기가 맞닿는 지점에 이물질이 없도록 줄기를 깨끗이 정리하여 꽂는다.
- 방사선 기법 시 한 점에서 나온 것처럼 꽂는다.
- 화형을 결정하는 것은 선 꽃(line)으로 결정하며, 작품의 외곽선을 통하여 형태가 결정된다.
- 중심(Focal point)에는 꽃의 색상이 화려하고 형태적으로도 크고, 개성 있는 꽃으로 배열하여 시선을 유도하도록 연출한다.
- 봉오리나 크기가 작은 꽃은 윗부분으로, 명도와 채도가 높은 것 등은 위로 보이도록 꽂는 것이 좋다.
- 플로랄 폼이 보이지 않도록 제작하며 다 꽂은 후에는 멀리 떨어져 여러 각도에서 관찰하여 마무리 한다.
- 부자재는 절대로 보이지 않도록 마무리 작업을 한다.

5. 제작방법

반구형(Dome)

1 소재: 장미, 소국, 루스커스, 불노초, 하이페리쿰, 잎안개

2 플로랄 폼이 움직이지 않도록 화기에서 2~3cm 정도 올라오게 고정하고 면적을 넓게 하기 위해 끝부분을 도려낸다.

3 장미를 이용하여 방사선형으로 배열하면서 반구형태로 꽂는다.

4 플로럴 폼이 보이지 않도록 루스커스를 이용하여 가려주고 큰 공간부터 덩어리꽃(장미)을 이용하여 채워준다.

5 불노초와 소국을 이용하여 반구형태에 벗어나지 않도록 높낮이를 주면서 완성도를 높여준다.

6 필러 소재(잎안개)를 이용하여 포인트를 살린다.

삼각형(triangular)

1 소재: 백합, 다알리아, 맨드라미, 옥시펜다듐, 범의꼬리, 리시안셔스, 리아트리스

2 라인 플라워(범의꼬리)를 이용하여 삼각형으로 꽂는다.

3 리아트리스, 맨드라미를 이용하여 라인을 강조한다.

4 매스 플라워(리시안셔스), 폼 플라워(백합)을 리듬감 있게 높낮이를 주고 특히, 백합을 이용하여 앞부분을 시각적으로 강조시켜 준다.

5 필러 소재(옥시펜다듐)를 이용하여 포인트를 살리고, 완성도를 높여준다.

S자형(hogarth curve)

1 소재: 루스커스, 유카리, 글라디올러스, 아스크레피아스, 거베라, 카네이션, 장미

2 플로랄 폼이 움직이지 않도록 화기에서 3~5cm 정도 올라오게 고정한 후 꽂는 면적을 넓게 하기 위해 끝부분을 절단한다.

3 라인 플라워(루스커스)를 이용하여 S자형으로 꽂는다.

4 유카리와 글라디올러스를 이용하여 라인을 더욱 강조시킨다.

5 매스 플라워(장미, 거베라)와 필러 플라워(아스크레피아스, 카네이션)을 이용하여 흘러내리는 듯한 동적인 곡선을 만들어 준다.

역T자형(inverted T)

1 소재: 잎새란, 용담, 네프로네피스, 아가판서스, 리시안셔스, 소국
2 플로랄 폼이 움직이지 않도록 화기에서 2~3cm 정도 올라오게 고정하고 꽂는 면적을 넓게 하기 위해 끝부분을 절단한다.
3 잎새란을 이용하여 역T자형이 되도록 외곽선을 만들어 준다.
4 네프로네피스는 인위적으로 모양을 만들어 사용하고, 역T자형을 더욱 강조해 준다.
5 용담과 리시안셔스는 높낮이를 주면서 외곽선을 보충해주고, 아가판서스는 시각적 효과를 강조해 주며 소국은 작품의 완성도를 높이기 위해 보조로 사용된다.

■ 다양한 꽃꽂이

Chapter 6
꽃다발

1. 꽃다발이란

꽃 묶음으로 핸드타이드(hand tide), 스트라우스(strauss), 부케(bouquet) 등으로 다양하게 부르고 있다. 꽃다발은 역사적으로 이집트 피라미드 벽화에서도 찾아볼 수 있다. 18세기 영국 조지 왕 시대에는 악귀와 전염병을 물리치는 효과가 있다고 하여 노즈게이(nosegay)를 들고 다녔으며, 여인들은 향기가 있는 꽃으로 꽃다발을 만들어 들고 다녔고 질병을 물리친다는 의미 외에 청혼의 메시지로도 발전하였다. 이 시기에 금속장식의 포지 홀더(posy holder)가 제작되어 신선도를 위해 이끼로 싸서 홀더에 넣어 달기도 하였다. 그 후 꽃다발은 부케로도 활용되었으며 다른 화훼 장식품에 비해 이동성이 높아 상업성이 강하다. 축하용, 장례용, 각종 행사에 가장 많이 보편적으로 사용되는 꽃장식의 하나이다.

〈꽃다발의 제작방법〉

- 꽃의 줄기를 철사로 대체하여 제작하는 법
- 플로랄폼을 이용하여 꽃을 꽂는 홀더법
- 줄기가 보이는 부분을 묶는 법

2. 종류 및 유형

장식적인 꽃다발(decorative bouquet)

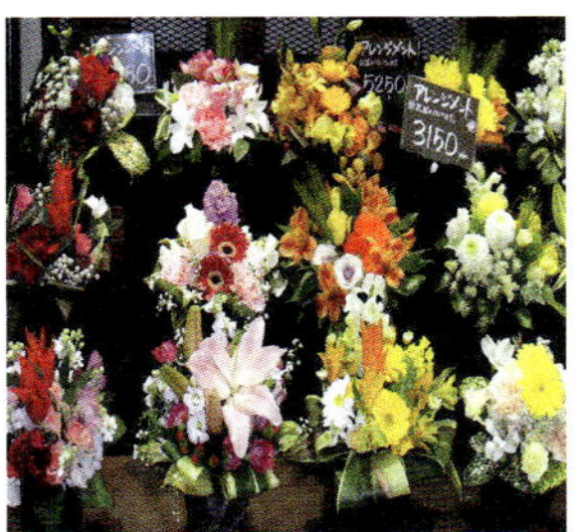

식생의 기본원리를 무시하고 전체적인 형태를 중요시하여 장식적으로 꾸미는 형태로 화려한 느낌의 꽃다발이다. 또한 많은 꽃을 배열할 때는 기본공간을 확보하면서 곧은 소재는 중심, 운동성 있는 소재는 외곽으로 배치시키고, 소재의 크기, 질감, 색상에 따라 배치한다.

식물적인 꽃다발(vegetative bouquet)

식물적인 꽃다발은 장식적인 꽃다발과는 다르게 식생의 기본원리를 고려하여 제작하는 디자인이다. 자연 상태에서 꺾어 온 듯한 느낌으로 꽃 소재와 잎, 나뭇가지 소재 등을 자연스럽게 고루 사용하며 줄기가 한 방향으로 움직여 '나선형 + 평행적'인 모양으로 제작한다.

병행 꽃다발(parallel bouquet)

소재의 다수가 서로 수평, 수직 혹은 대각선으로 배열되는 디자인으로 작품에 따라 다른 꽃다발과는 다르게 기능적 묶음과 장식적 묶음이 있을 수 있기 때문에 평행의 특성을 살려 디자인한다. 바인딩 포인트(Binging point)가 한 개 이상일 수 있으며 화기를 선택하여 디자인하기도 한다.

구조물 꽃다발(Structure bouquet)

구조물 꽃다발은 각기 다른 형태의 구조를 제작하여 구조 형태에 따라 꽃의 배열이 다르게 제작되는 것을 말한다. 특히 구조물 꽃다발은 구조 틀을 촘촘히 제작하면 꽃이 들어가지 못하므로 여유 공간이 있게 제작하여야 하고, 또한 꽃이 구조물의 운동성을 방해해서는 안 된다. 선, 면, 표면의 질감, 구조를 대조적으로 보여주고 구조물이 돋보이게 하기 위해 색의 조화에 신경을 써야 한다.

비더마이어 꽃다발(Biedermeier bouquet)

공간이 전혀 없게 꽃의 얼굴이 밀집되도록 배열하여 작고 귀여우면서 깔끔함이 느껴지도록 연출한다. 약간 답답한 느낌이 들 수도 있지만 부러진 꽃도 사용할 수 있다는 장점이 있다.

선형적인 꽃다발

식물의 형태와 선을 대비하여 강조하는 디자인으로 최소한의 식물 소재를 가지고 긴장감 넘치는 동적인 운동감을 나타내며, 강한 색채 대비, 개성 있는 식물 소재를 사용하여 대체적으로 비대칭으로 제작한다.

알아두기

■ 꽃다발 제작 시 주의사항

- 모든 소재는 충분히 물올림해야 한다.
- 소재는 형태별, 종류별로 구분하여 제작해야 한다.
- 소재들을 배열할 때 줄기는 나선형으로 제작해야 한다.
- 소재들은 묶는 점이 맞아야 하고 꽃이 움직이지 않도록 단단히 묶는다.
- 묶는 점에 사용된 마끈 또는 라피아 등은 최소한의 넓이로 묶어 줘야 한다.
- 묶는 점 아래의 줄기는 이물질이 없도록 깨끗하게 제거해야 한다.
- 줄기의 끝은 물을 잘 흡수할 수 있도록 45° 이상이 되도록 사선으로 자른다.
- 줄기 끝의 길이는 크게 차이가 나지 않도록 비슷하게 구성해서 물올림이 잘되도록 자른다.
- 줄기의 길이는 전체 꽃다발의 비율, 즉 8 : 5, 5 : 3으로 자른다.

3. 제작방법

장식적인 꽃다발(decorative bouquet)

1 소재: 엽란, 하이페리큠, 장미, 소국, 거베라
2 장미를 이용하여 주지를 수직으로 세워 준다.
3 소국, 장미, 거베라를 그루핑하여 반구형이 되도록 소재를 사선으로 추가한다.
4 하이페리큠을 이용하여 포인트를 살리며 앙증맞게 디자인한다.
5 엽란을 사용하여 볼륨감을 주고, 바인딩 포인트 부근에 끈으로 견고하게 묶은 다음 줄기 끝을 전체의 비율과 디자인에 맞추어 사선으로 자른다.

평행 꽃다발(parallel bouquet)

1 소재: 부들, 장미, 아스크레피아스, 리시안셔스, 소국, 셀렘, 호엽란, 익시아

2 익시아 잎을 이용하여 힘을 받쳐 줄 수 있게 뒷면을 평편하게 만들어 주고, 부들을 이용하여 입체감이 들도록 윤곽을 잡아 준다. 이때 줄기의 배열은 평행과 방사형으로 잡아도 무난하다.

3 장미와 아스크레피아스를 사용하여 전체적인 윤곽선과 시각적인 균형을 맞춘다.

4 리시안셔스와 소국, 호엽란, 셀렘을 이용하여 아랫부분이 안정감이 들도록 소재들을 모아서 입체적으로 배열하며, 끈을 이용하여 바인딩 포인트 지점을 견고하게 묶는다.

5 줄기 끝을 전체의 비율과 디자인에 맞추어 사선으로 자른다.

구조물 꽃다발(Structure bouquet)

1 소재: 청미래덩굴, 곱슬덩굴, 수국, 맨드라미, 다알리아, 리시안셔스, 잎안개, 솔리, 셀렘, 유카리, 연밥

2 구부러질 수 있는 청미래덩굴, 곱슬덩굴을 이용하여 원형이 되도록 구조 틀을 만든다. 이때 소재를 이어 주는 역할로 케이블 타이를 사용한다.

3 구조 틀을 살려 유카리와 솔리를 이용하여 베이스를 만들어 준다.

4 직선적인 꽃은 중심부, 굽은 선은 외곽에 높낮이가 있게 배열해 준다.

5 색상의 포인트를 살려 리듬감을 살려 주고, 끈을 이용하여 바인딩 포인트 지점을 견고하게 묶은 뒤, 줄기 끝을 전체의 비율과 디자인에 맞추어 사선으로 자른다.

■ 국화를 활용한 꽃다발

Chapter 7
신부 부케

1. 신부부케란

꽃다발과 같은 꽃 묶음을 뜻하며 브라이달 부케(bridal bouquet)라고도 한다. 신부부케는 꽃다발과 같이 18세기 영국 조지왕 시대에는 악귀와 전염병을 물리치는 질병에 대한 면역 치료에 사용되었고, 미국으로 건너가 세련된 면모를 보이다가 20세기에 들어 철사를 사용하여 부케의 스타일이 다양해졌다.

2. 종류 및 유형

신부부케는 크게 제작 방법에 따라 핸드 타이드(hand tide)부케, 철사(wire)를 이용한 부케, 홀더(holder)를 이용한 부케로 나뉘고, 형태에 따라서는 라운드, 케스케이드, 워터폴 멜리아, 크리센트, 네츄럴 스템, 콜로니얼, 비더마이어, 삼각형, 호가스, 엠파이어, 드롭, 프리젠테이션, 파라솔, 프레이어, 바스켓, 리스, 머프, 팬, 포멀 리니어, 식생적, 스트럭처 등으로 나뉜다.

〈제작 시 주의사항〉

- 사용 목적, 시간, 장소를 정확히 파악한다.
- 신부의 얼굴, 체격, 개성과 특징, 드레스의 색상과 스타일, 취향, 계절적 감각을 고려하여 꽃의 소재 선택과 부케의 형태, 구성 방법을 정한다.
- 아름답고, 들기 쉽고, 가볍게 제작해야 한다.
- 안정성, 물기 처리, 철사 사용 시 끝 처리를 안전하게 제작한다.
- 제작 시 물올림한 것을 사용하고 단시간에 제작한다.
- 손잡이 굵기는 신부가 잡기 쉬운 굵기로 손으로 잡았을 때 손잡이가 밖으로 2cm 정도 남을 정도로 안정감 있게 제작한다.

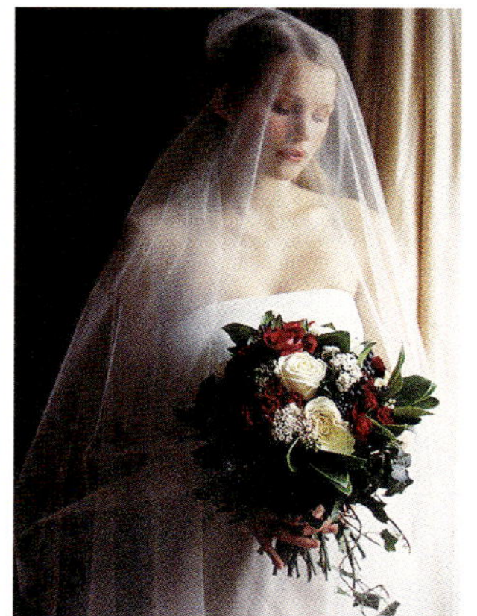

〈핸드타이드 부케 제작 시 주의사항〉

- 모든 소재는 물올림을 하여 꽃이 벌어졌을 때 사용하는 것이 좋으며, 묶는 점이 한 지점에서 만나야 한다.
- 꽃이 움직이지 않도록 단단히 묶고, 묶는 점 아래의 줄기는 이물질이 없도록 깨끗하게 제거한다.
- 소재들을 배열할 때는 형태에 따라 나선형, 평행이 되게 배열하며 줄기의 끝은 사선으로 자른다.
- 줄기의 길이는 신부가 들었을 때 안정감 있게 신부가 부케를 잡고 2~3cm 정도는 남겨두고 가벼운 무게로 신속하게 제작해야 한다.

〈철사를 이용한 부케 제작 시 주의사항〉

- 모든 소재는 물올림을 확실히 해야 한다.
- 소재에 적합한 철사 처리와 적당한 두께의 철사를 사용해야 한다.
- 쉽게 시드는 소재는 물올림을 하고, 불필요한 부분은 미리 제거해서 철사 처리한다.
- 철사 처리 후에는 수분증발과 완성도를 높이기 위해 플로랄 테이프를 감는데 이때 철사가 보이지 않게 꼼꼼히 처리한다.
- 테이핑된 철사들은 정확하게 한 점에서 만나야 한다.

〈철사를 사용하는 이유〉

- 약한 줄기를 지지한다.
- 구부러진 줄기를 곧게 편다.
- 똑바로 세우고 시드는 것을 방지한다.
- 원하는 위치에 배치가 가능하다.
- 길이와 볼륨 조절이 용이하다.
- 원하는 모양을 자유롭게 구현할 수 있다.

〈홀더를 이용한 부케 제작 시 주의사항〉

- 충분히 물올림한 홀더에 절화소재를 꽂을 때 생화 접착제를 이용하여 홀더에서 소재가 빠지지 않게 제작해야 한다.
- 생화 접착제를 묻힐 때 도관이 막히지 않게 줄기 중간 지점에 바른다.
- 줄기의 끝은 45° 이상이 되도록 자르고 플로랄 폼이 보이지 않도록 제작해야 한다.
- 신부가 부케를 받았을 때 물이 떨어지지 않도록 주의해야 한다.
- 손잡이가 가늘어 신부가 들기 어려울 경우에는 티슈나 리본 등을 감아 다시 플로랄 테이프를 감는다.
- 철사를 자를 때의 길이는 신부가 안정감이 들도록 부케를 잡고 2~3cm 정도 남겨 두고 자른다.

〈제작 시 체형에 어울리는 부케〉

- 키가 작고 마른 체형: 라운드형 부케(늘어지는 부케는 삼간다.)
- 키가 작고 통통한 체형: 작은 케스케이드 부케
- 평균 키의 마른 체형: 라운드형 부케, 케스케이드
- 평균 키의 통통한 체형: 작은 케스케이드 부케
- 키가 크고 마른 체형: 케스케이드 부케, 개성 있는 부케
- 키가 크고 통통한 체형: 케스케이드 부케(화려한 색상을 주어 시각 분산시킨다.)
- 얼굴이 큰 신부: 크고 화려한 부케

3. 제작방법

라운드(홀더)

1 소재: 장미, 리시안셔스, 청미래덩굴, 글라디올러스, 옥시펜다듐, 소국

2 물을 충분히 올린 홀더에 꽃이 홀더에 빠지지 않도록 생화 접착제를 발라 준다. 이때 줄기 중간 부분에 생화 접착제를 바르는 방법과 홀더에 직접 바르는 방법이 있는데 물관이 막히지 않게 조심하게 바른다.

3 반구형이 되도록 장미를 이용하여 공간 분할하여 꽂아 준다.

4 글라디올러스와 리시안셔스를 이용하여 장미 사이사이에 꽂아 준다.

5 필러 소재(옥시펜다듐, 소국, 청미래덩굴)를 이용하여 플로랄 폼이 보이지 않도록 리듬감을 살려 자연스럽게 연출해 준다.

케스케이드형(자연줄기를 살린 철사 이용)

1 소재: 백합, 소국, 리시안셔스, 난, 호엽란, 루스커스

2 케스케이드형에 맞게 바인딩 포인트를 잡아 사선으로 자른 다음 적합한 철사 기법을 사용하여 최대한 가볍게 제작하고 플로랄 테이프를 늘이면서 소재와 철사가 보이지 않게 감아 준다.

3 철사 처리한 소재를 자연줄기와 철사가 맞닿는 지점을 바인딩 포인트로 원형과 삼각형을 만든 후 두 개를 조립한다.

4 조립한 후 부족한 부분을 채워 주고 철사를 이용하여 단단히 묶어 준다.

라운드(핸드타이드)

1 소재: 수국, 옥시펜다듐, 아게라툼, 리스안셔스, 부풀리움

2 수국과 리시안셔스를 이용하여 주지를 수직으로 세워 준다.

3 부풀리움, 리시안셔스, 수국을 반구형이 되도록 소재를 사선으로 추가한다.

4 소재를 추가하면서 자연스럽게 리듬감을 살린다.

5 바인딩 포인트 부근에 끈으로 견고하게 묶은 다음 줄기 끝을 전체의 비율과 디자인에 맞추어 사선으로 자른다. 또한 신부가 들기 쉽게 줄기 부분을 리본으로 묶어 준다.

■ 철사 기법(wire technique)

• 후크법(hook Method) = 갈고리법
국화, 데이지, 아스터, 카네이션, 장미, 금잔화 등에 쓰는 방법이다.

• 피어스 & 크로스법(pierce and cross Method) = 관통법, 십자관통법
꽃받침 부분이 발달한 꽃 종류인 카네이션, 장미, 다알리아 등의 꽃에 사용한다

• 헤어핀법(hair—pin Method) = U자형
아이비, 갈락스 잎 등의 꽃잎이나 그린 잎 등에 쓴다.

• 트위스트법(twisting Method) = 모아 묶기법
필러 플라워, 숙근안개초, 소국, 스타티스, 미리오 등에 활용한다.

• 인서션법(insertion Method) = 삽입법
거베라, 칼라 등 속이 비어있는 꽃에 사용한다.

• 시큐어법(secure Method) = 휘감기법
선으로 연결되며, 부러지기 쉬운 줄기를 감아서 보강하는 기법으로 프리지어, 은방울꽃, 노무라, 네프로네피스 등에 쓴다.

• 소잉법(sewing Method) = 바느질법
백합, 카네이션 등 면적이 넓은 잎에 사용한다.

Chapter 8
코사지

1. 코사지(Corsage)란

코사지(Corsage)는 결혼식, 각종 모임 및 연회, 행사 등에 여자, 남자 모두가 사용하는 몸장식으로 작은 꽃다발이다. 가슴에서 허리 근처까지 내려오는 거들처럼 몸에 꼭 맞는 의복의 허리부분을 가리키는 말인, 코르셋(corset), 코슬릿(corselet)처럼 프랑스어 'cors'로 시작되어 몸체와 연관된 의미를 가지는데 일반적으로 코사지는 의복이나 신체 일부분에 장식하는 모든 장식품을 말한다. 현재는 신체부위에 장식하는 용도 외에 모자, 핸드백, 구두, 팔찌 등에 다양하게 쓰이며 생화, 건조화, 조화, 구슬, 깃털, 액세서리 장식물과 리본 등을 다양하게 사용한다.

2. 종류 및 유형

라운드, 삼각형, 초승달형, 호가스, 부채형 코사지 등으로 분류하며 장미꽃잎을 낱낱이 분리하여 커다란 새로운 큰 꽃 장미모양으로 만든 빅토리안로즈(Victorian rose, rosemellia), 꽃잎 대신 잎으로 장미꽃 모양으로 만든 그린 로즈(Green rose), 글라디올러스 꽃잎을 모아 만든 글라멜리아(Glamellia), 백합꽃 잎을 모아 만든 릴리멜리아(Lilymellia) 등이 있다.

〈코사지 착용에 따른 유형〉

- 헤어코사지(Hair Corsage): 머리 장식용 코사지
- 숄더 코사지(Shoulder Corsage): 어깨 코사지
- 웨이스트 코사지(Waist Corsage): 허리 코사지
- 버스트 코사지(Bust Corsage): 가슴 코사지
- 백사이드 코사지(Backside Corsage): 목 또는 등 코사지
- 리스트 코사지(Wrist Corsage): 팔목 또는 손목 코사지
- 앵클릿 코사지(Anklet Corsage): 발목 코사지
- 라펠 코사지(Lapel Corsage): 양복저고리 등의 접은 옷깃에 다는 코사지

3. 제작방법

가방 코사지

1 소재: 글루건, 철사, 핀, 리본, 조화
2 리본 모양을 자연스럽게 만든 후 지철사를 이용하여 가운데를 묶어 준다.
3 그린 잎 조화를 이용하여 베이스를 만들어 준다.
4 중심이 되는 장미조화를 붙인다.
5 다른 조화를 붙여 마무리한 다음 가방, 모자, 구두에 달아 다양하게 활용한다.

모자 코사지

1 소재: 핀, 조화, 글루건
2 글루건을 이용하여 밀짚모자에 끈을 빈 공간 없이 돌려 가며 촘촘히 붙인다.
3 길이가 다른 가죽 끈을 모아 중심을 지철사로 묶은 후 모자 위에 붙인다.
4 열매를 중심을 향하여 붙인다.
5 다른 부소재를 이용하여 붙인 후 깔끔하게 정리한다.

Chapter 9
꽃바구니

1. 꽃바구니(Flower Basket)란

꽃을 담아서 꾸민 바구니로 꽃을 꽂아 이용하기 시작한 것은 고대부터였지만, 그 당시에는 꽃을 고정하기가 어려워 과일과 함께 넣어 장식하거나 건조화를 꽂아 종교적인 목적으로 사용하였다. 1953년 미국 오아시스사에서 흡수성 플로랄 폼이 개발하면서 바구니 장식이 활성화되었고, 현재 바구니는 꽃의 이동 형태로 중요한 역할을 하고 있다. 이동성이 좋아 상업적으로 이용이 많으며 선물용, 생일축하, 기념일, 졸업식, 입학식, 장례식 등에 사용되고 있다.

꽃바구니는 크게 출산이나 생일, 졸업식, 어버이날, 각종 기념일의 축하용 꽃바구니와 죽은 사람에 대한 존경과 신뢰를 표현하는 애도용 꽃바구니로 나누어 연출되고 있다.

2. 바구니의 형태

식물 소재를 담는 것으로 높고 둥글며 기하학적인 모양과 크기에, 금속, 도자기, 유리, 나무, 플라스틱 등의 다양한 재질로 색상과 질감 또한 매우 다양하다. 바구니가 비싸고 고급스러울 필요는 없으나 어떤 바구니를 선택하느냐에 따라 다양한 이미지를 연출할 수 있다. 바구니의 손잡이가 안정적으로 지탱할 수 있도록 플로랄 폼, 식물 소재 등을 고려하여 고정해야 한다.

■ **제작 시 주의사항**

- 사용하는 용도, 화형, 크기, 소재, 색상, 고객의 취향 등을 사전에 파악하여 제작해야 한다.
- 바구니와 플로랄 폼 사이에 방수용 필름을 깔아 물이 흐르는 것을 방지한다.
- 플로랄 폼은 바구니에 단단히 고정시킨다. 플로랄 폼이 움직일 경우 작품의 형태가 변하기 때문에 철사, 고정테이프 등으로 플로랄 폼이 움직이지 않도록 고정해 주고, 바구니의 무게가 무거울 경우 다시 안정감 있게 손잡이를 고정시켜 준다.
- 바구니의 비중을 줄이기 위해 높이가 있는 바구니 안에는 비중이 적은 부자재로 채워 준다.
- 꽃 운반 시 형태의 변화가 없어야 되기 때문에 꽃을 꽂을 때 최소 3cm 이상 꽂아 준다.
- 꽃의 이동이 잦기 때문에 좌우가 지나치게 벌어지지 않도록 주의해야 한다.
- 에틸렌가스 발생이 심한 과일이나 채소는 꽃을 시들게 하는 주원인이 되기 때문에 꽃을 곁들인 과일바구니를 제작할 때도 에틸렌가스 발생이 적은 종으로 선택한다.
- 리본은 전체 분위기와 어울리게 장식하며, 카드 등을 첨부한다.

3. 제작방법

꽃다발 모양 바구니(spray shape basket)

1 소재: 네프로네피스, 범의꼬리, 리시안셔스, 소국, 글라디올러스, 다알리아, 맨드라미

2 바구니와 플로랄 폼 사이에 방수용 필름을 깔아 물이 흐르는 것을 방지하고, 플로랄 폼은 바구니에 단단히 고정시킨다.

3 라인 플라워(글라디올러스)를 이용하여 입체적인 삼각형을 만든다.

4 라인 플라워(범의꼬리, 네프로네피스) 소재를 이용하여 삼각형을 입체적이고 볼륨감 있게 배열한다.

5 매스 플라워(리시안셔스, 다알리아), 필러플라워(소국)를 이용하여 빈 공간을 분할하여 채워 준 후, 사용하고 남은 줄기 부분을 줄기만 남겨 두고 정리하여 뒤편에 방사선으로 꽂아 주고, 줄기와 꽃이 있는 경계선에 리본을 접어 꽂아 준다. 완성 후 위에서 보면 꽃다발 모양의 바구니 형태를 가진다.

장식적 바구니(decorative basket)

1 소재: 백합, 수국, 노무라, 아게라툼, 리시안셔스, 장미, 부풀리움, 소국
2 바구니와 플로랄 폼 사이에 방수용 필름을 깔아 물이 흐르는 것을 방지하고, 플로랄 폼은 바구니에 단단히 고정시킨다.
3 바구니 모양을 기초로 노무라를 사용하여 플로랄 폼을 가려 주고 반구 형태로 외곽선을 만든다.
4 매스 플라워(장미, 리시안셔스)를 이용하여 빈 공간에 꽂는다.
5 필러 플라워(아게라툼, 부풀리움, 소국)를 사용하여 소재 사이사이를 채워 주며, 앞부분에 리본을 접어 달아 준다.

수직형 바구니(parallel basket)

1 소재: 익시아, 아비스, 연밥, 장녹수, 거베라, 장미, 부들
2 바구니가 없을 경우 플로랄 폼을 방수 포장지를 이용하여 사탕 모양의 바구니처럼 만든다.
3 소재들을 수직으로 배열시킨다.
4 자연적인 모습에 가깝게 다른 소재들을 수직으로 꽂는다.
5 플로랄 폼이 보이지 않도록 이끼와 다른 소재를 짧게 잘라 가려 준다.

■ 다양한 꽃바구니

Chapter 10

리스 & 갈런드 & 잎식화환

1. 리스(wreath)란

리스는 고대그리스 올림픽게임에서부터 월계관으로 사용되었으며, 충성과 헌신을 상징하여 신에게 바치는 장식물로도 쓰였다. 리스는 여러 소재들을 사용하여 원형으로 만드는데 이는 시작과 끝이 없는 영원성을 의미한다. 우리나라에는 1900년대 초 선교사들에 의해 도입되었다. 리스를 부르는 명칭은 여러 가지가 있는데 영어로는 리스(Wreath), 독일어로는 크란츠(Krantz), 한자로는 화환(花環, standing spray) 등이 있고 이들은 형태상 중앙이 비어 있는 것을 원칙으로 한다.

리스는 이동성이 높아 선물용으로 적합하며, 공간의 효율성이 높고, 생화뿐 아니라 건조화 등 소재의 다양성을 보여 주고 있다. 장례식에 쓰는 애도용 리스나 화환, 성탄절의 현관문, 테이블 장식, 사랑 고백, 벽걸이 장식에 쓰는 축하용 리스로 나누고, 또한 제작방법에 따라 플로랄 폼과 우레탄에 생화와 건조화, 조화 소재를 꽂아 제작하기도 하고 상록수 잎, 고수버들, 말채나무, 청미래덩굴, 다래덩굴, 조개껍데기, 이끼, 과일, 철재 등을 이용해 틀을 제작하여 연출하고 있다.

장식의 종류

한 방향으로만 장식한 것, 여러 번 반복적으로 강조하는 것, 질감이나 소재 등을 시각적 균형을 이루며 장식하는 것, 대칭을 이용한 장식, 꽃다발 형태를 이용한 장식, 플로랄 폼을 이용한 장식, 액세서리, 색, 크기, 모양 등을 강조한 장식, 생장형 장식 등을 고려해서 표현해야 한다. 또한 소재의 선과 형태가 장식적 가치를 두고 연출하기도 하며 표면구조 장식법을 이용하기도 한다.

■ 제작 시 주의사항

- 기본 모양이 원형이 돼야 하므로 시각적으로 완전한 원이 되도록 구성한다.
- 뒷면은 평면으로 제작하여 벽이나 바닥에 놓을 때 안정성을 높인다.
- 반구형으로 입체감 있게 꽂는다.
- 소재를 배열할 때 한쪽 방향으로 제작해야 완성도가 높고, 내부 곡선과 외부 곡선이 구별되도록 제작한다.
- 플로랄 폼 사용 시 플로랄 폼이 보이지 않도록 제작한다.
- 소재는 균형감 있게 분배해서 꽂아 주거나 특징적인 소재를 이용하여 강하게 표현하기도 한다.
- 대체로 소재는 짧게 잘라 꽃의 얼굴 부분만 사용하므로 넉넉하게 준비한다.
- 움직임이 많은 장식품이므로 안정성 있게 연출한다.
- 놓이는 위치, 장소에 따라 거는 부분을 확인하고 제작한다.
- 비율을 고려하며 통일감있게 장식한다.

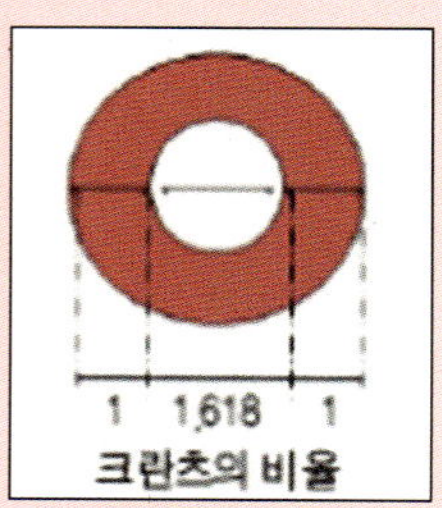

2. 갈런드(Garland)란

꽃과 부소재를 이용하여 길이가 길고 휘어질 수 있는 꽃줄을 말한다. 유연성이 있으므로 동선의 유도 시나 벽, 천장, 성탄절 현관문 장식에 많이 활용된다. 제작 시 생화를 이용할 경우, 완전히 물올림한 것을 사용하고 소재는 넉넉히 준비해야 한다. 폭은 대체적으로 일정해야 하며, 묶은 재료는 빠지지 않도록 안전하게 만들어야 한다. 완성된 후에는 놓이는 위치에 따라 고정할 수 있는 고정 고리를 만들어 줘야 한다.

플로랄 폼을 이용하거나 소재들을 끈, 철사 등으로 이어주기도 하고 소재를 꿰어 목걸이 모양으로 작은 꽃다발을 길게 연결하는 등 다양하게 이용되고 있다.

3. 입식화환(standing spray)이란

둥근 원 형태로 만든 꽃 장식물로 리스와 같은 의미를 지니고 있으며 용도, 목적, 상징이 뚜렷하고, 경제성이 높은 장식품으로 개업식, 결혼식장과 장례식장에 많이 활용되고 있다. 근조화환에는 의미를 부여해 흰색의 국화와 백합을 주로 사용하고 축하화환에는 카네이션, 거베라, 백합, 소국, 금어초 등으로 사용하는데 이 소재들은 경제성이 높아 꾸준히 재배되고 있는 작물이기도 하다. 최근의 화환은 관상 기간이 짧고, 이동이 어려운 단점을 보안하여 영구적인 골조를 만들어 사용하기도 하고 소규모로 이동성 있게 실용적인 디자인으로 변화하고 있는 추세이다.

축하화환 근조화환

4. 제작방법

리스(wreath)

1 둥근 원형의 플로랄 폼을 충분히 물올림시킨다.
2 루스커스와 용담을 마디마디 잘라 짧게 분배해서 꽂는다.
3 장미와 난을 이용하여 공간을 채워 준다.
4 소국으로 플로랄 폼이 보이지 않게 짧은 길이로 잘라 채워 준다.
5 리스는 테이블 장식, 벽 장식 등 다양하게 활용될 수 있다.

■ 다양한 리스 & 갈란드 & 화환

Chapter 11
건조화

1. 건조화(Dry Flower)란

식물의 꽃과 잎, 줄기, 뿌리, 열매 등을 자연 건조시키거나 화학적 또는 물리적인 처리를 하여 반영구적으로 이용 가능하게 만드는 것을 건조화, 말림꽃, 또는 드라이플라워(Dry Flower)라 한다. 습기를 제거한 식물, 특히 생화를 자연적 또는 인공적으로 가공한 것이며 글리세린 처리가 된 건조화를 보존화(Preserved flower)라 한다.

2. 건조화 재료

우리 주변에서 쉽게 볼 수 있는 모든 식물이 이용 가능하다. 계절에 보는 식물을 건조시켜 계절감을 나타낼 수 있으며 꽃, 열매, 줄기, 뿌리, 가지, 잎, 덩굴, 이삭류, 향신료, 허브, 이끼, 버섯, 나무껍질, 뿌리 등 다양한 부위가 이용된다.

꽃	• 꽃이 작고 색채가 선명하며 수분이 적은 꽃이나 규산질이 많은 꽃 • 로단세, 스타티스, 안개꽃, 밀짚꽃, 델피늄, 맨드라미, 장미, 홍화, 천일홍 등
잎	• 가을철 등에 수분이 감소된 잎들이 좋으며 건조되면 다갈색, 녹색 등으로 변한다 • 엽란, 태산목, 떡갈나무, 양치류, 종려, 유칼립투스, 속새, 스프링게리 등
이삭	• 자연스러운 분위기의 밀, 강아지풀, 귀리, 수수, 조, 밀, 그라스, 보리 등
나뭇가지 · 덩굴	• 말채, 능수버들, 탱자나무, 삼지닥나무, 오리목나무, 다래덩굴, 곱슬버들, 석화버들, 칡 등
열매	• 솔방울, 조롱박, 수세미, 부들, 연밥, 익모초, 해바라기, 남천, 청미래덩굴, 꽈리 등

3. 건조방법

예전에는 건조 후에도 잘 변하지 않는 수분이 적고 딱딱한 꽃과 줄기 부분의 절화를 채집하여 이용하였으나 최근에는 뛰어난 건조기술로 생화와 비슷한 아름다운 색과 모양을 가진 더욱 뚜렷한 색감의 꽃들을 만들어 낼 수 있게 되었다. 꽃에만 국한하지 않고 잎, 줄기, 열매, 뿌리, 나뭇가지, 나무껍질 등 식물의 모든 부위가 이용되고 있다.

거꾸로 매달아 말리는 방법	• 일반적인 방법이며 직사광선은 피하고 건조하고 통풍이 잘되는 장소 • 장미, 해당화, 천일홍, 맨드라미, 해바라기 등
평평히 눕혀 말리기	• 눕혀 놓듯이 두고 말리는 방법 • 조, 수수, 벼이삭, 보리, 라벤더, 죽순 등
세워 말리기	• 용기에 줄기째 꽂아 말리는 방법 • 수수, 알리움, 숙근안개초 등
그물에서 말리기	• 열매나 꽃이 큰 소재를 그물망에 꽂아 건조시키는 방법 • 옥수수, 아티초크, 프로테아 등

자연건조법

가장 일반적으로 이용되는 방법으로서 특별한 도구 없이 간편하게 할 수 있어서 일반 가정에서도 쉽게 식물을 건조시킬 수 있다. 자연건조된 건조화는 수축되거나 쭈그러지고, 변색되어 원래의 아름다운 색과 형태, 향기 등을 유지하지 못하기 때문에 수분이 많이 함유된 작약이나 부드러운 질감의 카네이션 등은 건조하기가 어렵다.

건조 기간은 식물의 종류, 장소, 계절에 따라 다르지만 일반적으로 3일에서 3주 정도면 건조되며 시원하고 건조한 상태로 포장하여 보관하면 오래도록 감상할 수 있다.

실리카겔 건조법

실리카겔은 거의 생화에 가까운 신선한 상태로 꽃을 변색 없이 아름다운 색 그대로 건조시키는 방법이다. 먼저 적당한 용기에 실리카겔을 조금 넣은 다음 꽃의 줄기를 잘라 실리카겔 위에 놓는다. 꽃과 꽃 사이의 간격은 수분이 전해지지 않도록 약 5~7cm 정도 띄어서 꽃을 다 넣은 뒤에 그 위로 꽃이 충분히 덮이도록 실리카겔을 넣고 용기 뚜껑을 닫고 밀폐하여 건조시킨다.

노란색, 분홍색, 보라색 등 대부분의 꽃이 원래의 색상을 잘 유지하나 적색 계통의 꽃은 검붉게 변색되는 경향이 있다. 건조 당시에는 색의 변화가 적기는 하지만 습기를 쉽게 흡수하기 때문에 밀폐가 가능한 유리용기에 보관하거나 피막처리를 하여 변형되거나 변색되지 않도록 관리해야 한다. 보통 건조 기간은 식물의 종류에 따라 다르나 일주일 정도면 건조된다.

열풍건조법 · 냉동건조법

열풍건조법은 국내외 대부분의 건조 소재 생산회사에서 많이 이용하는 방법으로 대량의 꽃을 빠르게 건조시키기 때문에 변색이 적어 어떤 종류의 식물이든 아름다운 색을 유지할 수 있다.

냉동건조법은 꽃을 냉동시킨 다음 수분을 승화시키는 방법으로 다른 건조법과는 달리 쭈그러지거나 수축되는 현상이 거의 나타나지 않고 형태가 그대로 유지되며, 색상 또한 변함이 없어 쉽게 건조할 수 없는 소재 건조에 많이 이용된다. 공기 중의 수분을 쉽게 흡수하기 때문에 코팅제를 스프레이하거나 밀폐할 수 있는 용기에 보관해야 한다.

글리세린 건조법

글리세린, 알코올, 포르말린 등의 수용액을 이용하여 식물의 줄기나 잎을 건조시키는 방법으로 식물을 용액에 담그면 흡수되어 식물 속의 수분이 빠르게 증발 · 건조되는 방법이다.

대부분 낙엽수나 활엽수의 성숙한 잎 등에 이용되며 건조된 줄기와 잎들은 유연해지고 딸기류의 열매는 부드럽고 단단해진다. 건조된 식물에 유연성이 생겨 장식하거나 보관할 때 편리하며 부드러운 줄기는 3~7일, 나뭇가지 재료는 1~6주 동안 처리한다. 특히 글리세린에 색소를 첨가하면 식물을 염색할 수도 있어 최근 많이 연구되고 있는 부분이기도 하다.

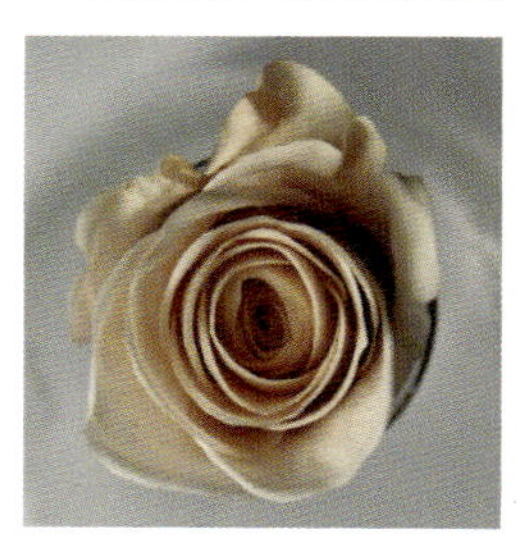

극초단파 건조법

일반 가정에서는 자연건조법 외에 쉽게 건조물을 구입해서 사용하기 어려우므로 빠르게 건조화를 만들 수가 없다. 그러나 전자레인지를 이용하면 극초단파로 단시간 내에 변색 없이 빠르게 건조시킬 수 있다. 매우 작은 꽃이나 가늘고 섬세한 꽃이 아니라면 대부분의 꽃에 사용이 가능하며 약 1분에서 3분 정도면 대부분 건조된다.

4. 건조화를 이용한 장식

건조 소재는 다양한 건조방법 및 가공방법을 거쳐 생산되고 있으며 꽃꽂이, 꽃다발, 리스, 갈런드, 형상물 등의 생화장식을 그대로 적용하기도 하며 물을 공급할 필요가 없기 때문에 보다 자유롭고 창의적으로 조형된다. 또한 회화와 어우러진 콜라주(collage) 등 생화와는 다른 독특한 장식이 가능하다.

최근 글리세린으로 건조시킨 '프리저브드 플라워(Preserved flower)'는 반영구적인 생화라는 콘셉트로 상업화되어 소형 장식물로 판매되고 있고 조형장식에도 일회성이 아닌 화훼장식물을 만들어서 판매를 하는 등 상품화하여 작업 활동을 하고 있다.

■ 콜라주(Collage)

'풀로 붙인다'라는 뜻으로 20세기에 등장한 독특한 시각예술형태의 하나로 헝겊, 비닐, 타일, 종이, 나뭇조각 등을 붙여 화면에 구성하는 표현기법이다. 그림이 있는 화면에 꽃, 식물 소재, 건조소재 그 외에 기타 다양한 소재를 배치하여 접착제나 물을 흡수할 수 있는 다양한 방법을 이용하여 화훼장식에서도 활용할 수 있다.

■ 형상물(Figure)

식물을 이용하여 여러 가지 동물 모양, 십자가, 별, 하트 등의 형상물을 반평면적이거나 입체적으로 만들어 이용하는 것이다. 필요한 모양을 플로랄 폼으로 만들어 이용하거나 철망이나 철사로 형상물의 틀을 만들거나 접착제로 붙여서 형상물을 표현한다.
공간장식에도 다양하게 활용되고 특정 메시지를 전달하는 데 이용되기도 한다.

■ 프리저브드 플라워(Preserved Flower)

특별한 가공을 통해 생화의 싱싱함을 오랫동안 보존할 수 있도록 만든 새로운 형태의 꽃으로 이미 유럽과 일본에서는 '시들지 않는 꽃'이라 불리며 잘 알려져 있다. 생화가 가장 아름답게 피었을 때 꽃을 따서 인체에 무해한 보존액을 사용해 탈수, 침수, 배수, 건조의 4단계를 거쳐 생화의 아름다움을 그대로 장기간 보존할 수 있게 만든 새로운 개념이다.

하얀색, 빨간색 장미처럼 기존의 생화에 있는 색뿐만 아니라, 파란색, 초록색, 보라색 장미와 같이 다양하고 화려한 색상을 볼 수 있다. 생화에 비해 손상되기 쉬우므로 다룰 때 주의하여야 하고 습도에 약하고 직사광선이 닿으면 색이 변질될 수 있고 색이 묻어날 수 있으므로 옷이나 소품 등과 같이 사용할 때 주의가 필요하다.

Chapter 12
압화

1. 압화(押花, 누름꽃, Press Flower)란

꽃잎, 나뭇잎, 가지 등의 수분을 제거하고 입체적인 것을 인공적인 기술로 압착하여 말린 후 평면적으로 장식한 꽃예술이다. 꽃을 누르고 건조시킨 후 회화적인 느낌을 강조한 조형 예술로 만들기 때문에 압화 또는 누름꽃이라 하며, 최근 누름 건조 기술의 발달로 아름다운 색을 가진 다양한 압화 장식물이 제작되고 있다. 압화를 이용하여 액자, 병풍, 양초, 보석함, 명함, 카드, 스탠드 등의 각종 생활용품이나 시계, 귀걸이, 목걸이 등의 장신구 등 상업용 · 선물용으로 폭넓게 이용되고 있다.

압화의 역사

영국의 표본 수집가 Betiwa가 식물건초표본을 만들었던 것으로 시작되어 19세기 후반 빅토리아 여왕시대부터 발달하여 야생화를 채집해 액자나 성서의 표지를 장식하는 데 사용되었으며, 상류사회의 우아한 취미로 자리를 잡기 시작하였다. 우리나라에서는 옛 선조들이 은행잎, 단풍잎, 국화잎, 대나무잎 등을 문창호지에 발라 사용한 것을 압화의 활용으로 볼 수 있으며 처음 도입된 시기는 1950년 중순으로 현재 다양한 표현기법이 발달하였다.

2. 압화 소재

절화, 분화, 야생화 등의 재료를 다양하게 활용할 수 있으며, 색이 선명하고 구조가 간단한 꽃, 두께가 적당하고 수분함량이 적은 꽃(황색, 자색, 남색의 꽃)이 적당하다. 적합한 꽃으로는 팬지, 장미, 매화, 코스모스, 안개꽃, 수국, 델피늄, 제비꽃, 도라지, 유채, 프리지어, 수선, 철쭉 등이 있다.

꽃잎이 너무 큰 꽃이나 너무 얇은 꽃, 주름이 많은 꽃, 꽃잎이 두껍고 수분 함량이 많은 꽃들은 압화 소재로 부적합하다. 잎 소재에는 에델바이스 잎, 홍단풍, 남천, 담쟁이덩굴, 쑥, 할미꽃 잎, 마사줄, 양치류, 백정화, 베고니아, 난잎 등이 있다.

3. 압화 건조방법

식물의 형태를 이용하여 여러 가지 모양의 누름꽃을 만들어 장식을 해야 하기 때문에 최대한 아름다운 색과 형태를 유지하며 얇게 눌러서 말리는 것이 중요하다.

다리미 건조법

다리미로 눌러 꽃이나 잎의 수분을 탈수시켜 건조시키는 방법으로 평면적인 얇은 꽃에 적당하다. 다리미를 직접 식물에 접촉하여 건조시키면 잎이 탈 수가 있으므로 천이나 종이를 덧대어 건조시켜야 한다. 잎의 색이 쉽게 변색되는 단점이 있다.

책을 이용한 건조법

꽃과 잎을 책이나 잡지 사이에 넣어 말리는 전통적인 방법으로 꽃을 얇은 휴지에 싸서 말리면 책의 오염도 막을뿐더러 더 빨리 건조시킬 수 있다. 간편하나 건조시간이 오래 걸리고 색이나 형태가 변형되는 단점이 있다.

건조매트를 이용한 건조법

식물 채집용의 건조매트를 사용하면 간단하게 꽃을 말릴 수 있다. 사용방법은 아래서부터 골판지, 건조매트, 흡습지, 식물, 흡습지, 건조매트, 골판지의 순으로 놓고 전체를 나사나 끈을 이용하여 안의 식물이 고정이 되도록 조인다. 건조매트는 드라이기로 열풍 건조시키면 다시 재사용이 가능하고, 사용하지 않을 때에는 건조한 곳에 밀폐하여 보관하는 것이 좋으며 보통 2일에서 5일 정도면 건조가 된다.

실리카겔을 이용한 건조법

꽃이나 잎을 흡습지 사이에 넣어 평면적으로 눌러서 넣은 꽃을 실리카겔층 사이에 배치하여 밀폐한 다음 수분을 빠르게 제거해 건조시키는 방법이다. 플라스틱 상자에 실리카겔을 넣고 흡수지 사이에 상온에 그대로 두거나 실온이 낮을 때에는 40℃ 정도로 온도를 올려 주면 빠르게 건조되어 변색이 적다. 고체로 제작된 실리카겔판 사이에 흡습지와 꽃을 배치하는 방법도 있으며 전기 가열식 압판도 제작되어 판매되고 있다.

이러한 방법으로 건조시킨 프레스플라워는 일반적으로 진한 색의 재료들은 건조하면 색감이 더 진해지고, 옅은 색의 재료들은 건조하면 흐리고 선명하지 못한 색이 된다.

4. 압화를 이용한 장식

프레스플라워를 평면 장식할 때에는 건조 전 생화 때의 모습을 재구성하는 방법과 자연의 모습보다는 기하학적인 이미지로 재구성하는 방법이 있다. 이미지 재창조를 위한 구성이란 코스모스 꽃잎을 이용하여 장미 모양의 꽃을 만든다거나 꽃잎 하나하나를 모아 새로운 형태의 꽃을 만드는 등 본래의 모습과는 전혀 다른 추상적인 창조 작업을 일컫는다.

소품 장식의 경우, 이미지 연출을 위한 자연 상태 그대로를 이용한 기하학적인 구성이 많이 이용되고, 대형 장식물의 경우는 풍경화나 추상화 등의 회화적 요소가 가미된 작품들로 디자인한다.

Chapter 13

그린인테리어(분식물 장식)

1. 디시가든

디시가든(dish garden)이란

여러 가지 접시 형태의 용기에 정원처럼 식물을 가꾸어 감상하는 방법을 말한다. 한 개의 용기에 공간을 적당히 두고 자연의 정경을 여러 가지 형태로 디자인한다. 자연의 모습을 그대로 축소하기도 하고 동화 속 이야기의 한 장면이나 계절감을 나타내면서 식물을 배치한다. 디시가든은 이동이 편리하며 용기의 선택이 자유롭고 다양한 형태로 꾸밀 수 있다.

알맞은 식물 재료

관엽식물, 초화류, 선인장, 허브 등의 대부분의 식물을 이용할 수 있으며 20cm 이하의 것을 선택하는 것이 좋다. 식물의 크기가 지나치게 크면 접시의 의미가 없어지게 되며 식탁 위에 놓았을 때 맞은편 상대방의 얼굴이 보이지 않게 된다. 서로 비슷한 환경의 식물을 배치하고 계절과 행사의 분위기를 연출하기도 하며 최근에는 테이블 센터피스로 활용되고 있다. 용기의 모양은 자유롭게 선택할 수 있으며 식물의 심는 공간을 잘 활용해 높이가 다른 식물들을 균형 있게 배치하여 식재하는 것이 포인트다.

■ 용기 선택하기

디시가든은 용기의 선택이 완성되었을 때의 이미지를 좌우한다. 배수 구멍이 없고 깨끗하고 산뜻한 넓은 형태의 접시모양이 좋은데 실내에 자연스럽게 잘 어울릴 수 있는 식기류, 도자기류, 유리 용기 등을 이용한다. 일반적으로 식물을 심기 때문에 용기의 깊이가 5cm 정도의 깊이가 있는 것이 좋으나 심는 방법에 따라 깊이를 조절하는 것이 가능하므로 낮은 용기를 사용하는 것도 가능하다. 중요한 것은 용기의 깊이나 크기가 식물의 크기와 균형이 맞아야 한다는 점이다.

■ 배수 구멍이 없는 용기 선택하기

배수 구멍이 없으면 물이 흘러내리지 않아 화분받침접시가 필요 없으므로 외관상 보기 좋고 용기 선택의 폭이 넓어져서 실내공간에서 장식품으로 다양하게 활용되고 있다.

■ 맥반석과 숯 그리고 하이드로볼

화분의 배수 구멍은 화분에 준 물이 충분히 흡수되고 남은 물이 배수 구멍으로 흘러나와 물이 화분 속에 고이지 않도록 하는 역할을 한다. 배수 구멍이 없는 용기를 선택할 때는 맥반석, 숯, 하이드로볼 등을 용기의 밑바닥에 깔고 토양을 넣은 후 심으면 물이 고여 뿌리가 썩는 것을 막아 준다.

디시가든 유지 및 관리법

심은 식물의 특성에 따라 햇볕을 좋아하는 정도에 맞춰 관엽식물은 음지 또는 반음지의 레이스 커튼을 통과하는 약한 햇빛 정도의 밝기에 두고, 꽃이 피는 초화류, 선인장 및 다육식물은 해가 잘 비치는 창가의 양지 쪽에 두고 관리하도록 한다. 햇볕의 양이 부족할 때에는 스탠드의 빛으로 보충해 주도록 한다.

물 주기

용기의 흙을 손으로 눌러봤을 때 표면이 조금 건조하면 물을 주지만 배수 구멍이 없는 용기를 사용하기 때문에 물을 자주 주면 뿌리가 상하므로 너무 자주 주지 않도록 주의한다. 물을 많이 주었을 때에는 용기 내의 흙이 흘러내리지 않도록 용기를 기울여 주거나 흡습지를 이용해 물이 줄어들도록 한다. 분무기를 이용하면 잎에 수분이 공급되기도 하고 잎에 있는 이물질을 제거해 주는 샤워 효과를 줄 수 있다.

비료 주기

생육이 왕성하면 빠르게 성장해서 모양이 흐트러지기 쉬우므로 작은 형태를 유지하기 위해서 비료는 주지 않는다.

일부 식물이 죽었을 때

식물이 너무 크게 자라 형태가 흐트러지거나 식재한 식물의 일부가 죽었을 때에는 그 부분만 스푼이나 모종삽을 사용하여 살짝 들어내고 식물을 새로 심어 관상할 수 있다.

1년에 한 번은 옮겨 심는다

식물이 크게 자라면 전체 모양이 흐트러지므로 1년에 한 번 정도는 새로운 재료와 토양으로 옮겨 심어 준다. 분갈이로 생각해도 좋으며 식물이 크게 자라면 결국 용기 안에 뿌리가 가득해져 물을 흡수하기 어렵기 때문에 서서히 생기를 잃어 가게 된다. 식물을 건강하게 키우려면 먼저 건강한 식물을 구입해야 하고 디시가든에 심은 식물 생육에 알맞은 환경을 조성해 주면 식물이 건강하게 자란다.

디시가든 만드는 방법 1

1 소재: 드라세나, 크로톤, 페페로미아, 피토니아, 사각유리용기, 맥반석, 숯, 하이드로볼, 배양토, 화산석, 이끼
2 유리용기에 맥반석, 숯으로 배수층을 만든다.
3 중심이 되는 드라세나와 크로톤을 놓는다.
4 식물을 심어 배치한 후 배양토 위에 이끼를 이용하여 표면을 덮은 후 자갈을 이용하여 장식한다.

디시가든 만드는 방법 2

1 소재: 유포르비아, 크라슐라, 에케베리아, 아악무, 도자기, 맥반석, 숯, 배양토, 마사토
2 맥반석, 숯을 이용하여 배수층을 만든다.
3 배수층 위에 배양토를 넣고 중심이 되는 유포르비아를 심는다.
4 식재 후 마사토를 토양 표면에 덮어 준다.

2. 테라리움

테라리움(terrarium)이란

테라리움(terrarium)이란 라틴어의 'terr(땅, 흙)'라는 말과 'aruim(어항과 같은 용기)'이라는 말의 합성어로 밀폐된 투명한 용기 속에 흙을 채우고 각종 크고 작은 식물을 아름답게 배치하여 기르면서 감상하는 것을 말한다. 즉 작은 식물을 유리 상자에서 즐기는 미니정원을 의미한다. 청량감과 깨끗함을 가진 유리용기는 실내를 장식하는 데 많이 이용되고 있다.

테라리움의 유래

약 150년 전 영국의 외과 의사인 워드(N. B. Ward)는 나방의 일종인 박각시나방(Sphinx moth)의 부화와 생장 과정을 관찰하기 위해 밀폐된 병 속에 넣어두었는데 우연히 양치식물의 포자가 발아하는 것을 발견하였다. 이후 그는 용기를 여러 가지 형태로 변형하여 식물들을 달리해서 많은 실험을 하였다. 그 결과 식물은 적당한 빛, 수분, 온도만 있으면 스스로 광합성과 호흡을 할 수 있음을 알 수 있었다. 테라리움 속에 작은 동물을 넣어서 식물과 함께 감상하는 비바리움(Vivarium)과 관상용 물고기를 넣어 감상하는 아쿠아리움(aquarium)의 유래가 되었다.

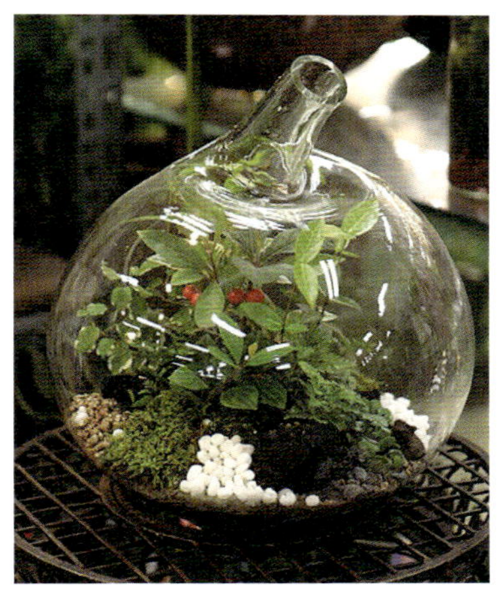

알맞은 식물 재료

밀폐된 용기 안에서 생육하므로 저온이나 다습에 강하고 음지나 반음지에서 크게 자라지 않거나 성장이 느린 식물이 적당하다. 아디안텀, 아글라오네마, 아라우카리아, 아스파라거스, 왜란, 칼라데아, 테이블야자, 피토니아, 코르딜리네, 페페로미아, 헤데라, 호야, 필레아, 프테리스, 스킨답서스, 삼색바위취, 세네지오 등 아열대성 관엽식물과 양치류 등이 있다.

유지 및 관리 방법

배치장소

테라리움은 직사광선을 받으면 용기 내의 온도가 올라가 식물이 약해지게 된다. 그러므로 직사광선을 피하고 간접광선이나 인공조명 아래에 두고 주의 깊게 관찰한다.

물 주기

물 주는 간격은 용기의 크기나 식물에 따라 다르므로 용기의 토양상태를 판단해 표면이 건조하면 물을 주는 것이 좋다. 물을 많이 주었을 때에는 용기 내의 흙이 흘러내리지 않도록 용기를 기울여 주거나 흡습지를 이용해 물이 줄어들도록 한다. 유리용기 표면에 물방울이 생기거나 흐려지는 것은 물을 많이 주었기 때문이다. 물은 모자란 듯이 주고 분무기로 스프레이해 주는 것이 좋다.

비료 주기

비료를 주게 되면 생육이 왕성해져 모양이 흐트러지고 빨리 자라기 때문에 처음부터 주지 않도록 한다.

오랫동안 작은 형태를 유지하려면

식물이 커진 느낌이 들면 줄기의 선단에 있는 눈을 제거해 주거나 선단을 잘라 길이의 생장을 지연시킬 수 있다. 이후에 새로운 싹이 나오면 같은 작업을 반복한다.

■ 테라리움은 내용물에 따라 테라리움, 비바리움, 아쿠아리움으로 나누어진다

• 비바리움(Vivarium)

테라리움에서 변형된 형태로 유리용기 속에 식물과 도마뱀, 이구아나, 개구리, 거북이 등과 같이 파충류를 넣고 함께 살아가는 자연의 형태를 연출하는 테라리움이다. 식물과 동물의 생육환경이 서로 비슷한 것들로 연출하는 것이 좋다.

• 아쿠아리움(Aquarium)

유리용기 속에 수생식물과 물고기 등을 넣어서 키우는 것을 말하며 작은 연못에서 수족관까지도 연출되고 있다.

■ 테라리움의 유형

• 밀폐형

투명한 유리용기에 뚜껑을 덮거나 밀폐된 형태로 용기 내부의 습도가 많기 때문에 습기에 잘 견디는 식물을 선택한다. 너무 습하면 곰팡이가 생기므로 가끔 뚜껑을 열어 수분을 증발시켜준다.

• 개방형

용기의 일부가 열려진 상태로 습도가 외부로 나가기 때문에 건조해지기 쉬우므로 식물 선택 시 주의가 필요하다. 최근에는 디시가든과 테라리움의 혼합형으로 식재되기도 한다.

테라리움 만드는 방법 1

1 소재: 폴리안사, 산호수, 후마타, 호야, 아디안텀, 유리용기, 맥반석, 숯, 색모래, 배양토
2 맥반석, 숯을 이용하여 배수층을 만든다.
3 유리용기 안에 외부로 보이는 쪽은 색모래를 이용하여 산뜻함을 연출한다.
4 색모래 위에 배양토를 넣고 아디안텀과 호야를 식재한 후 토양 표면을 덮는다.

테라리움 만드는 방법 2

1 소재: 풍란, 프테리스, 트리안, 사철나무, 드라세나, 후마타, 유리용기, 숯, 하이드로볼, 맥반석, 배양토, 이끼, 마사토
2 배수층 위에 색모래로 무늬를 만든 후 다시 배양토를 넣는다.
3 중심이 되는 식물을 배치한다.
4 식물을 식재한 후 이끼를 이용하여 배양토 표면을 덮는다.

■ **심기 전에 식물을 정리한다.**

심기 전에 더러워진 잎이나 병충해 등을 손질을 해 두는 것이 좋다.

■ **식물 배치 구상을 미리 생각해 둔다.**

식재 후에는 다시 고쳐 심는 것이 어려우므로 미리 구상한 후 식재하는 것이 좋고, 주제식물, 부주제식물, 받침식물로 자연스럽게 어울리도록 디자인한다.

■ **식재 시 배양토는 중심이 높게 되도록 한다.**

용기의 가장자리에 흙의 양이 많으면 무겁고 답답하게 보이므로 중심부에 배양토를 높게 올려 주면 뿌리도 충분히 보호되고 입체감을 살릴 수 있다.

■ **색 모래를 이용해 산뜻함을 연출한다.**

다양한 색 모래를 이용해 토양의 지표를 표현해 주면 식물과 자연스럽게 조화되어 화사함을 즐길 수 있어 흥미롭고 산뜻하다.

■ **주의할 점**

용기가 밀폐되어 있어 과습되기 쉬우므로 물을 조절해 주어야 한다.

3. 수경재배와 하이드로컬처

수경재배란

물가꾸기 또는 물재배라고도 하며 흙을 사용하지 않고 물로만 식물을 재배하는 방법이다. 관엽식물이 보급되고 난 후, 실내장식용으로 많이 이용되고 있으며 뿌리가 뻗는 상태를 관찰하면서 뿌리의 아름다움도 감상할 수 있다. 당근, 무, 우엉 등의 채소류의 꼭지를 잘라서 물이 든 접시에 놓거나 여러 가지 씨앗으로 새싹 채소를 손쉽게 기를 수 있다.

하이드로컬처란

흙을 사용하지 않고 하이드로볼을 이용하여 식물을 기르는 수경재배의 일종이다. 하이드로볼은 점토상의 흙을 반죽해 입상으로 만들어 고온으로 구운 것으로 입자 사이가 다공질이기 때문에 잘 부서지지 않는다.

하이드로컬처는 자유롭게 용기를 선택할 수 있으며 물 주기가 쉬워 실내에 식물을 장식하는 데 많이 활용되고 있다.

알맞은 식물 재료

물을 좋아하고 뿌리가 굵고 길며 생육기가 왕성한 식물이 적당하다. 종류로는 개운죽, 스킨답서스, 드라세나, 야자류, 행운목, 히아신스, 안스리움, 디펜바키아, 아글라오네마, 싱고늄, 스파트필름, 아이비 등이 있다.

심는 시기

뿌리를 씻어 옮겨 심기 때문에 식물에 상처가 생기므로 성장기인 봄부터 가을까지는 괜찮으나 온도가 낮은 겨울에는 주의가 필요하다.

비료 주기

뿌리가 상한 상태이므로 뿌리가 적응한 후 새잎이 몇 개 정도 나는 것이 확인이 되면 생육기간 중에 1개월 이후부터 주는 것이 좋다. 시중에 판매되는 액체비료 등을 1,000~2,000배 정도로 희석해서 월 1회 정도로 준다.

물의 양에 주의하자

뿌리가 물속에 있기 때문에 뿌리가 썩지 않도록 물의 양은 용기 높이의 1/4~1/5 정도가 적당하다. 뿌리의 부패를 방지하기 위해 맥반석, 숯, 규산백토 등을 이용하면 식물을 좀 더 오랫동안 볼 수 있다.

1년에 한 번은 갈아 준다

기간이 1년 정도 지나면 용기의 내벽에 수초가 생기는데 햇볕이 닿는 정도에 따라 수초가 쉽게 생기므로 햇볕이 닿지 않게 관리하는 것이 좋다. 수초가 발생된 후에는 갈아 심어 주는 것이 좋으며 이때 사용된 하이드로볼은 배수 용토나 흙과 혼합해 다시 사용할 수 있다.

하이드로컬처 만드는 방법 1

1 소재: 아글라오네마, 도자기, 숯, 맥반석, 하이드로볼
2 용기 안에 맥반석, 숯으로 배수층을 만든다.
3 아글라오네마를 분에서 꺼내어 토양을 털어 준다.
4 중앙에 식물을 넣고 가장자리에 하이드로볼을 채운다.

하이드로컬처 만드는 방법 2

1 소재: 아레카야자, 호야, 마삭줄, 아글라오네마, 싱고늄, 맥반석, 숯, 하이드로볼
2 유리용기에 맥반석, 숯으로 배수층을 만든다.
3 물에 식물 뿌리를 깨끗이 씻어 준다.
4 식물을 배치한 후 하이드로볼을 넣어 준다.

4. 공중걸이 화분

공중걸이 화분이란

창문이나 벽 등의 실내에 줄기나 잎이 늘어지는 식물을 적당한 높이로 끈을 이용하여 실내외 공간을 아름답게 장식하는 방법이다. 공중에 매달려 늘어지는 식물을 이용하므로 입체적 장식으로 식물의 특성을 살릴 수 있으며 장식적 역할뿐만 아니라 불필요한 부분을 가려 주는 차폐 역할도 가능해 그 이용이 매우 다양하다.

알맞은 식물의 선택

덩굴성이나 반덩굴성으로 옆으로 퍼지거나 늘어지는 잎이 무성한 식물이 적당하다. 아스파라거스, 베고니아, 칼라데아, 세로페기아, 구페아, 네프로네피스, 접란, 헤데라, 아이비, 피토니아, 호야, 임파티엔스, 제라리움, 페페로미아, 박쥐란, 스킨답서스, 제브리나, 아디안텀, 아스플레니움, 아스파라거스, 세네지오, 게발선인장 등이 있다.

배치 장소

공중걸이는 창가에 매달기도 하고 계단의 중간이나 거실 등에 매달기도 하며 실내의 벽과 벽이 마주치는 곳에 늘어놓기도 한다. 식물은 서로 환경이 비슷한 것끼리 모아서 배치하면 된다. 꽃이 있는 식물은 창가에 배치하고 직사광선은 피한다. 관엽식물인 경우에는 창가로부터 1~3m 정도 떨어진 곳에 배치하고 잎과 줄기가 빛을 향하므로 때때로 방향을 돌려 골고루 빛을 받도록 한다.

물 주기

물이 흘러나와도 괜찮은 곳에 두고 물을 충분히 주며, 배수 구멍에 물이 흐르지 않을 정도가 되면 다시 원래의 장소에 매달아 둔다. 창가 쪽은 쉽게 건조해지므로 물을 자주 주어야 한다.

비료 주기

식물의 수에 비해 용기 내의 토양이 적거나 꽃이 피는 식물인 경우 비료가 부족하기 쉬우므로 비료를 주는 것이 좋다.

공중걸이 만드는 방법 1

1 소재: 마삭줄, 호야, 아이비, 맥반석, 숯, 하이드로볼, 배양토
2 맥반석, 숯, 하이드로볼 등을 이용하여 배수층을 만든다.
3 배수층 위에 배양토를 넣고 식물을 잘 배치하여 심는다.
4 완성된 모습

공중걸이 만드는 방법 2

1

2

3

4

1 소재: 호야, 맥반석, 숯, 하이드로볼, 벽걸이화분, 배양토

2 맥반석, 숯을 이용하여 배수층을 만든다.

3 용기의 중앙에 오도록 균형 있게 배치한다.

4 호야의 모양이 잘 배치되도록 형태를 만들어 준다.

5. 토피어리

토피어리(Topiary)란

사람의 손길에 의해 식물이 입체적인 형태로 다듬어진 모든 상태를 말하며 울타리, 나무를 다듬는 조경원예의 용어로 기하학적인 문양이나 동물, 사람의 모습을 인위적으로 깎아 만든 것이다.

전정형	수목을 가위나 손으로 전정하거나 다듬어 문자나 조형으로 만드는 방법
꽂는형	식물을 끼우거나 꽂는 방법으로 제작하는 것
유인형	다양한 재료로 형태를 만든 후 아래에 넝쿨식물을 심어 형태를 따라 감거나 자라게 하는 방법

토피어리의 활용

일상생활에서도 놀이공원에 세워진 식물로 만든 동물캐릭터 조형이나 길가 사철나무를 반듯하게 다듬은 것 등을 볼 수 있으며 유럽과 미국에서는 오래전부터 실내외 조경의 한 분야로 발전되어 왔다.

1999년 일본에 소개된 이후 토피어리는 현재 많은 마니아층을 확보하며 실내외 인테리어와 누구나 즐길 수 있는 취미생활의 한 분야로 자리 잡고 있다.

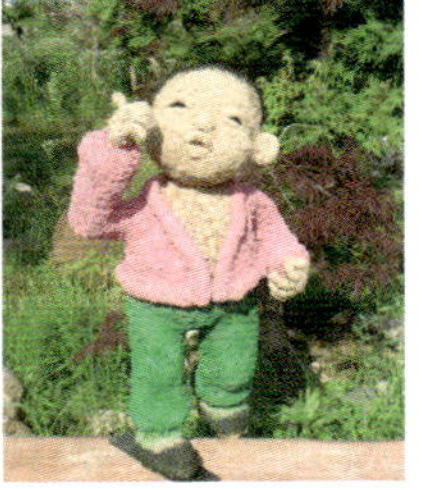

6. 손바닥정원

손바닥정원이란

식물을 한 개의 용기로 꾸미거나 소재로 화분을 가려 하나로 장식하는 방법이다. 모듬화분, 용기재배(container culture)라고도 하며 작은 정원을 의미한다. 실내외 이동이 가능해서 주거 공간, 상업적 공간, 도로변 등의 공간을 자유롭게 활용할 수 있다.

용기의 선택

용기는 가볍고 안전한 것이 좋으며 식물의 종류에 따라 목재, 플라스틱분, 토분, 질그릇, 도자기화분, 항아리, 알루미늄 등 색깔과 모양, 질감이 매우 다양한 것을 선택하여 사용할 수 있다. 놓고자 하는 곳의 분위기와 성격, 식물의 형태나 색깔에 따라 용기에 변화를 줄 수 있다. 일부 식물을 교체해 계절감을 표현할 수 있고 완성한 후에 계절적인 느낌을 연출하고 싶다면 겨울의 느낌을 주는 빨간색의 포인세티아나 붉은색의 시클라멘, 베고니아 등으로 변화를 준다. 기본 구성인 중심식물과 보조식물, 받침식물에서 관엽식물의 잎에 나타나는 질감이나 잎 모양 또는 초화류의 꽃 색의 배합 등으로 개성 있게 연출할 수 있다.

유지 및 관리법

비슷한 환경을 좋아하는 식물을 함께 배치해 관리하면 화분 속의 토양이나 잎에서 서로 수분을 증산시키기 때문에 약간의 습도가 조절되어 물 주기가 쉬어진다. 1년 주기로 보통의 화분식물과 같게 관리하면 된다.

손바닥정원 만드는 방법 1

1 소재: 홍콩야자, 산호수, 마삭줄, 후마타, 화산석, 맥반석, 숯, 배양토
2 맥반석, 숯으로 배수층을 만든다.
3 중심이 되는 홍콩야자, 산호수를 용기 중앙에 배치하여 심는다.
4 식물을 식재한 후 자갈돌과 화산석으로 마무리한다.

손바닥정원 만드는 방법 2

1

2

3

4

1 소재: 코르딜리네, 홍콩야자, 산호수, 드라세나, 페페로미아, 용기, 하이드로볼, 배양토
2 거름망을 넣고 하이드로볼로 배수층을 만든다.
3 배수층 위에 배양토를 넣고 중앙에 홍콩야자를 배치하여 심는다.
4 주제식물을 중심으로 부주제, 받침식물 순으로 균형 있게 배치하여 심는다.

Chapter 14
장소별 화훼장식

1. 종교의식

기독교 및 천주교

기독교의 기본 사상이 정립되면서부터 예수님에 대한 존경심과 사랑에 대한 표시로 성전꽃꽂이가 하나의 큰 스타일로 자리 잡아 가고 있다.

성전꽃꽂이란

교회에서 예배의식을 진행하기 위하여 제단을 꽃으로 장식하는 것을 말한다. 예전부터 사람들은 일상생활에서 여러 가지 의식이 베풀어질 때마다 꽃을 사용하여 왔고, 꽃은 희로애락의 모든 행사의식에서 가장 큰 비중을 차지하였다. 제단 장식에서 꽃꽂이가 의미하고 상징하는 것은 피와 희생이며 사용되는 절화는 모체에서 잘린 것으로 생명의 절단을 상징하며 피의 대가를 의미하므로, 속죄의 양을 제물로 바치는 대신 속죄의 양이자 피를 의미하는 절화를 봉헌하는 것이다.

성전꽃꽂이(교회꽃꽂이)는 꽃꽂이의 예술성 못지않게 특별한 의미가 있어야 하며 성부, 성자, 성령, 성경, 성모, 예수 그리스도, 십자가, 천당, 천사, 믿음, 소망, 사랑, 희생, 고난, 부활, 감사, 탄생 등을 상징적으로 표현한다. 교회력에 따라 고유의 상징색을 갖고 있는 만큼 가능한 교회력에 따른 상징색을 알고 그 범위 내에서 장식할 필요가 있다.

크리스마스 장식

크리스마스 기간부터 1월까지 예수 그리스도의 탄생을 축하하는 기간에 장식하는데 흰색, 빨간색, 초록색, 보라색을 주로 사용한다. 원래 예수 그리스도의 탄생을 축하하는 기독교 행사이지만, 오늘날은 기독교를 믿지 않는 많은 사람들에게도 즐거운 행사가 되고 있고, 겨울 장식으로도 보편화되어 많이 이용되고 있다.

크리스마스에 의미가 있는 식물로는 전나무와 독일 가문비나무가 있는데, 상록수로서 1년 내내 푸른 잎을 가지고 있어서 예수 그리스도의 변함없는 가르침, 영원한 생명, 죽음으로부터의 승리를 상징하여 여러 형태의 장식물에 쓰이고 있다. 서양 호랑가시나무는 예수 그리스도가 가시관을 썼을 때, 핏물로 열매가 붉게 되었다고 해서 열매가 필요한 장식에 많이 이용되고, 잎끝이 3갈래로 뾰족한 아이비는 신, 그리스도, 인간을 의미하여 기본으로 쓰이는 소재 중 하나이다. 예수 그리스도의 전도 씨앗을 의미하는 열매로 솔방울도 자주 이용된다. 포인세티아의 꽃을 이용하여 붉은 장식을 많이 하는데, 악귀를 쫓아 준다는 의미가 있어 크리스마스 장식에 대표적으로 많이 사용하는 소재이다.

크리스마스에는 무엇보다 트리장식이 대표적으로 많이 사용되고 있다. 아름다운 피라미드형을 갖춘 나무들이 많이 사용되고, 우리나라에서는 보통 조화로 만들어진 나무를 많이 이용한다. 조화는 다양한 크기로 제작이 가능하여 가정에서도 소품용으로 겨울에 많이 이용하며 오아시스를 사용한 소형 트리를 만들면 좁은 장소나 테이블 위를 장식하는 것도 가능하다.

이 외에도 문이나 창 및 벽에 장식하는 둥근 장식물로 리스, 천정이나 계단의 손잡이, 입구, 액자나 시계 주위에 장식하면 좋은 갈런드 형태의 장식물도 흔히 이용되고 있다.

불 교

불교의 교리에 근거를 두어 불교 교단에서 행하는 의례를 불교의식이라 한다. 불교는 의례라는 형태를 빌려 오늘날 우리에게 전래되고 있으며 교리에 따라 수행하는 방법으로 실천해 나가는 데에 종교적인 의미를 갖는다.

불교에서는 부처님을 공경하는 의미에서 공양의식이 행해졌으며 꽃공양이 제일의 정성으로 취급되고 있다.

부처님상 앞 장식

불교에서 많이 이용하는 꽃은 연꽃, 모란, 작약 등으로 그중 연꽃은 가장 상징적이며 성스러운 꽃으로 사용되어 왔는데 깨끗하지 않은 물에서도 아름답고 깨끗한 꽃을 피우기 때문이다. 조화장식의 경우 상징성이 강한 연꽃을 사용하지만, 생화장식을 할 때는 연꽃의 구입이나 이용이 어려워 절화수명이 오래가는 극락조화를 많이 이용하고 있다.

석가탄신일에는 석가모니 부처님의 탄생지인 룸비니동산 전체가 한 다발의 꽃과 같다 하여 많은 불교신자들이 진한 향기를 담은 꽃바구니를 불단에 올린다.

2. 결혼의식

우리나라의 결혼식

전통 혼례식이 있긴 하지만 서양에서 도입된 결혼 양식이 한국의 문화와 결합하여 우리나라만의 독특한 한국식 결혼의식이 이루어지고 있다. 결혼식은 많은 사람들이 지켜보는 가운데 남녀가 부부관계를 맺는 계약임과 동시에 새로운 인생을 출발하는 것을 축하하는 성스러운 의식이다.

결혼식은 몇 시간 동안 가장 아름답고 화려하게 이루어지는 만큼 절화장식 위주로 이루어지는 경우가 많으며 규모가 큰 결혼식장이나 연회장은 공간의 특성에 맞게 절화장식과 분식물 장식을 적절하게 조화시키면 보다 화려하고 아름다운 축복된 분위기를 연출할 수 있다.

결혼식 장식

결혼식 장식은 결혼식장 장식, 연회장 장식, 신랑, 신부가 신혼여행 가는 길에 타고 가는 자동차에 장식을 하는 웨딩카 장식, 신부가 드는 부케, 머리에 장식하는 꽃인 화관 장식, 신랑의 가슴 부위에 장식하는 부토니아, 양가 부모와 주례자 및 사회자의 가슴에 장식하는 코사지, 그리고 들러리의 꽃다발과 화동의 꽃바구니 등으로 이루어진다. 예전에는 결혼식장, 연회장, 웨딩카 장식의 경우 조화장식이 대부분이었지만 요즘에는 생화장식을 원하는 신랑, 신부가 부쩍 늘고 있는 추세이다. 일반적인 장식 형태를 벗어나 새로운 형식으로 장식을 하는 경우도 있으므로 계획을 세울 때 장소를 잘 관찰한 후, 예비부부고객들만의 독특한 결혼식장을 연출하는 데 부응해야 한다.

꽃길 장식

예식장 입구에서 단상 앞까지에 이르는 중앙 통로에 장식을 하는 것이다. 보통 양옆으로 장식이 되며 꽃길을 만들기 위한 오브제를 사용하거나 의자 옆면을 사용하여 장식한다. 이 통로는 신랑, 신부가 새로운 인생을 출발하는 첫길이므로 축복과 희망을 상징하는 꽃으로 장식한다.

단상 장식

일반적으로 중앙대 1개와 양옆으로 1개씩 또는 2개씩 단상이 놓여 있으며 단상 대부분은 좌우 대칭으로 하는 것이 일반적이나 비대칭 구조로 장식을 하는 경우도 있다. 비대칭으로 장식하더라도 전체적으로 통일감이 있도록 장식을 하는 것이 중요하다.

단상을 장식하는 형태를 결정하기 위해서는 단상의 색상과 문양 그리고 단상 배경을 잘 고려해야 하며, 꽃길 장식도 고려하여 전체적으로 연결감이 있도록 장식하는 것이 중요하다. 또한 신부의 부케와 신랑 · 신부의 의상, 꽃길 장식, 아치 장식과도 조화되어 일체감이 들도록 한다.

아치 장식

신랑, 신부가 입장이나 퇴장하는 입구에 장식되는 것으로 신랑, 신부가 인생의 동반자가 됨을 약속하는 출발 장소이다. 결혼식의 시작이라는 장소적 의미도 있으므로 결혼식 아치는 화려하게 장식을 하는 것이 좋다.

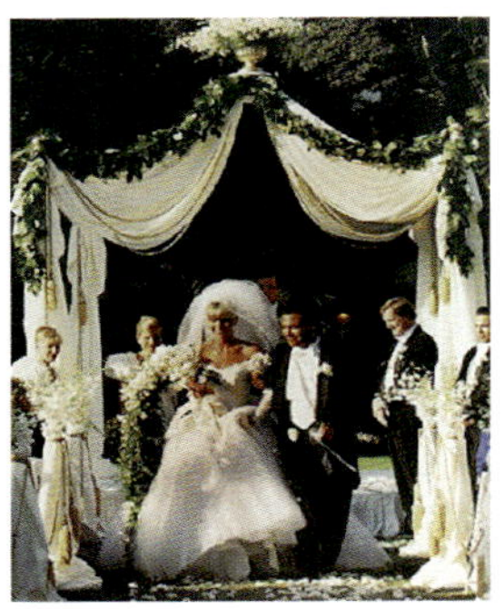

신부부케

결혼식날 신부가 사용하는 꽃다발이며 신부를 더욱 돋보이게 하는 소품으로서의 역할뿐만 아니라 깨지지 않는 사랑을 의미하므로 상징성을 중요시함과 동시에 신부의 체형, 얼굴형, 신장 및 드레스에 어울리게 연출한다. 최근에는 부케홀더나 와이어링 기법, 핸드타이드 형식의 부케를 만들어 다양한 형태와 색상을 이용하여 신부 개개인만을 위한 특별한 부케를 제작하고 있다.

부토니아

신랑의 가슴에 다는 작은 꽃다발을 말하며 남성이 꽃을 받쳐 청혼하면 청혼을 받아들인다는 의미로 신부가 받은 부케에서 한두 송이를 뽑아 남성에게 달아주는 것이 부토니아의 의미이다. 신부의 부케와 조화를 이루도록 제작하고, 양가 부모님이나 주례자 및 사회자의 코사지는 부토니아보다 심플하게 제작하는 것이 좋다.

웨딩카 장식

신랑과 신부가 신혼여행 가는 길에 타고 가는 자동차에 장식을 하는 웨딩카 장식은 보통 조화와 리본으로 장식하는 경우가 대부분이다. 최근에는 생화장식도 이루어지고 있으며 특히 자동차 앞부분에 영원성을 의미하는 리스로 장식하는 경우가 많다.

화동 장식

화동 장식은 많이 하는 편은 아니지만 신랑 · 신부 입장 순서에서 화동의 안내를 받으며 입장할 때 필요하다. 화동 장식의 형태는 꽃다발, 꽃바구니 등을 들고 꽃잎을 뿌리며 신랑 · 신부의 첫걸음에 축복을 표현한다.

3. 장례의식

장례는 고인의 명복을 비는 절차로서 경건한 몸과 마음으로 고인의 영혼을 위로하고 죽은 이를 애도하는 엄숙한 제례다. 장례식에서 꽃은 고인의 가족이나 친지들 및 지인들이 고인의 타계를 애도하고 슬픔에 공감하며, 명복을 기원하는 의미로 쓰인다. 우리나라에서는 예전부터 꽃과 죽음을 연관지어 사람이 죽으면 천당으로 가기를 원했고, 꽃이 환생을 기원하는 의미로 이용되었다는 기록도 남아 있다. <심청전>에서도 심청이가 바다에 빠진 후 꽃에서 되살아나 재탄생의 매개체로 삼았다.

우리나라에서 장례 문화와 꽃은 밀접한 연관이 있지만 겨울에 꽃을 구하기가 어려워 생화 대신 종이로 만든 지화 위주로 발달하였으며 그 예로 시신을 싣는 꽃상여가 있다. 지화는 울긋불긋하게 화려한 색상으로 사용되었으며, 이것은 죽은 후에 아름답고 좋은 곳으로 가라는 의미가 있다.

장례식 문화

장례식은 나라마다 다양한 양식으로 진행되고 있으나 고인에 대한 애도를 꽃으로 표현하는 것은 국가와 민족을 초월하여 매우 일반적인 형식이다. 외국의 장례식은 결혼식 못지않게 중요한 행사로서 치러지고 있는데, 한국의 장례식은 오랜 전통을 갖고 있음에도 크게 발전하지 못하고 있고, 외국의 장례식에 비해 규모가 크지 않을뿐더러 다양한 형태의 디자인이 이루어지지 않고 있다.

한국의 장례식

흰색과 노란색 국화꽃으로 만든 장례제단 장식, 평면적으로 꽃을 짧게 부착시킨 영정장식, 화환이나 꽃바구니의 배치, 헌화용 꽃으로 나눌 수 있다.

묘지 근처에 꽃을 심기도 하지만, 대부분 묘지는 양지바른 곳에 있어야 한다는 생각에 주변에 관목의 나무를 심어 장식하는 경우가 많고, 성묘 시에 조화로 된 화려한 꽃을 헌화로 바치거나 하얀 국화다발을 바치는 형태로 이용되고 있다. 근조화환을 많이 이용하며, 이것은 상주 측에서 준비하기보다는 제삼자가 애도의 표시로 증여하는 경우가 많다.

현재 국내의 장례 장식은 특색 있고 단아한 분위기를 가지고는 있으나 색과 형태가 단순하고, 상주들이 원하는 디자인 형태가 고정되어 있어 여러 형태의 아름다운 디자인을 찾아보기 힘들다. 하지만 점차 외국의 장례식 양식이 도입되면서 다양한 변화를 보이고 있으므로 전통적인 장례 양식을 존중하면서도 고인의 명복을 빌 수 있는 아름다운 장례식을 할 수 있게 될 것이다.

외국의 장례식

나라마다 다른 형식을 보이고 있으나 일반적으로, 관 위에 올려 놓는 꽂꽂이 형태의 스프레이, 관 앞에 세우는 스탠드에 거는 스프레이나 평면적인 형상물, 바닥에 배치하거나 기둥 위에 배치하는 꽂꽂이나 관엽식물, 관 속에 넣는 베게에 붙이는 꽃 장식으로 나눌 수 있다. 묘지에 꽃을 심어 가꾸거나 기념일에 묘지를 방문할 때 바치는 꽃다발이나 리스, 형상물 등도 많이 이용되고 있다.

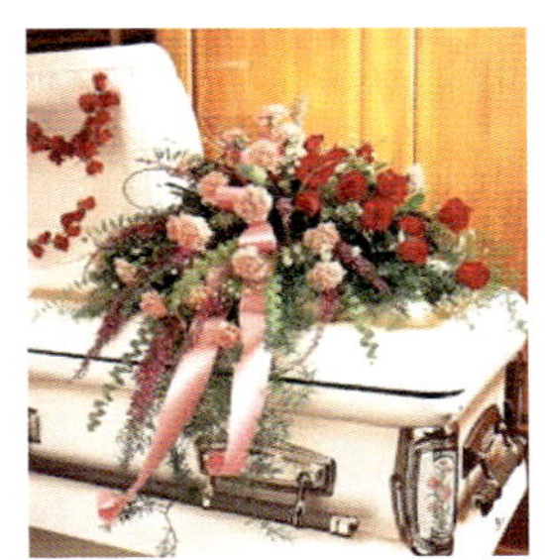

장례 장식의 종류

장례 장식에는 제단 장식, 영정 장식, 관장식, 근조화환 또는 근조바구니 장식, 리스 또는 십자가 장식, 묘지 장식, 납골용기 장식, 헌화용 꽃다발 등으로 나뉜다. 우리나라 전통의 장례 문화에서는 관을 노출시키지 않고 병풍으로 가리기 때문에 병풍 앞에 영정사진을 두었던 제단과 영정사진을 함께 장식하게 되었다. 영정사진은 발인을 할 때 따로 사용하므로 제단과 함께 장식할 때에도 분리 사용되는 것을 감안하여 디자인하였다. 관은 특별한 경우를 제외하고는 대부분 장식하지 않는다.

제단 장식

영정 장식

묘지 장식

근조화환

장례식에서 일반적으로 사용되는 장식물이다. 대나무로 엮은 받침대 위에 흰색 또는 노란색 국화로 반원 모양의 꽃꽂이를 3단 또는 2단 등으로 배치하여 사용하고 있으며, 보낸 이의 이름과 소속이 적혀 있는 리본을 꽃 위에 길게 늘어지게 달아서 만드는 형태가 주종을 이루고 있다. 화환 다음으로 근조바구니가 많이 이용되며 국화뿐만 아니라 흰색의 모든 꽃을 이용하여 장식을 많이 하고 있다.

근조화환

새로운 형태의 근조화환

근조바구니

리스 장식

원형의 형태로 시작과 끝이 없다는 의미로 영원성, 불멸, 영원한 인생, 사랑의 의미를 가지고 있어 널리 이용되고 있다. 전통적으로 리스는 침엽수와 활엽수 등의 상록수를 주로 사용하였으며, 영원한 삶과 저승이 연결되어 있다는 것을 표현하고자 사용하였다. 장례식 장식은 살아 있는 사람에게 위로를 가져다줄 뿐만 아니라 죽은 사람에 대한 사랑과 그리움도 표현해야 한다. 리스 가운데 소재를 흘러내리듯 장식하는 것은 찢어지는 아픔에 흐르는 눈물을 표현하기도 하고, 지그재그로 표현하는 것은 가슴 아픔을 의미하기도 한다.

십자가 장식

종교적인 의미가 강하므로 기독교 · 천주교식 장례행사에서 많이 볼 수 있다. 일반적으로 비석 앞에 세워 두는 용도로 많이 사용하며, 관 위에 올려놓는 용도로도 사용된다. 기본 골격으로 한 십자 형태를 드러나게 한다면, 그 위에 꽃 장식을 조금 더 크게 하여도 좋다.

묘지 장식

묘지 주변으로 식물을 심거나 비석을 세우는 정도이다. 우리나라의 경우는 비석 주변에 일반적으로 1년 내내 푸른 상록수를 주로 심는다. 상록수 역시 리스 형태와 같은 영원성이라는 의미를 가지고 있기 때문에 사용을 하게 되었다. 또한 계절별로 상록수와 같이 초화류를 심기도 하며 외국의 경우는 우리나라보다는 화려한 식물을 식재한다.

화장터와 납골당

최근 전통적인 교회 장례와 매장 풍습보다 화장을 선호하는 사람들이 늘어나고 있으며 1953년 로마 가톨릭교회가 화장을 공식적으로 인정함에 따라 장례의 새로운 선택사항으로 빠르게 자리 잡아 가고 있다. 화장을 해서 납골용기에 보관하는 것이 매장하는 것보다 깨끗하고 간편한 장례식이라고 여겨 화장터와 납골당이 속속 생기고 있는 추세이다. 납골용기는 죽은 이를 화장시킨 후 그 재를 담아 놓는 단지로 일반적으로 돌, 금속, 세라믹 등으로 되어 있어 단지의 소재와 형태에 맞는 건조화 또는 상록의 소재나 조화를 사용한다.

장례식용 꽃다발

특별한 날 방문하거나 명절 때 성묘를 갈 때에 많이 이용하는데 휴대하기에 편하도록 제작을 해야 한다. 한국의 경우 칼라, 국화, 거베라 등 흰색의 꽃으로만 만들려는 경향이 있는 반면, 외국의 경우에는 다양한 색상의 화려한 꽃들도 많이 이용한다. 이렇듯 색상에 구애받는 것보다는 고인이 평소 좋아했던 꽃을 사용하는 것이 더 바람직하고, 형태적으로 너무 요란하지 않는 것이 중요하다. 다발에 사용하는 리본도 검은색이나 흰색에 국한하지 않고 원색적인 것만 피하면 다양한 색상으로 장식할 수 있다.

Chapter 15
화훼산업

1. 화훼산업이란

화훼류가 생산자로부터 유통과정을 거쳐 최종 사용자에게 이용되는 전반적인 활동을 말한다. 화훼류는 높은 부가가치를 창출하고 사회적 경제성이 있는 문화적 산업분야로 자리 잡고 있다. 소비적 특성을 가진 기호품의 하나로 사회불안과 소비심리의 영향을 받으며 축하, 애도, 업무, 선물용 등 성의나 감정을 타인에게 전달하기 위한 최고 수단으로 선호하는 경우가 많고 전통적으로 많이 쓰이는 꽃으로는 장미, 카네이션, 국화, 백합 등이 있다. 화훼산업은 꽃의 모양, 색, 크기, 향기 등의 유행과 변화에도 빠르게 반응하는데, 특히, 대중매체의 영향에도 민감하며 전통적인 관습과 문화에 따른 화훼류의 소비적 차이도 나타난다.

화훼경영의 특징	**• 노동생산성, 수익성이 다른 작물보다 높다** **• 자본과 노동의 집약성이 크다** **• 재배기술에 따른 수익의 차이가 크다** **• 경영규모가 다른 산업에 비해 영세한 편이다**
화훼생산의 특징	**• 판매시기와 판매량에 한계가 있다** **• 적합한 위치, 작물을 선택하여 재배하여야 한다** **• 연중 재생산 · 주년생산 체제를 확립하여야 한다** **• 작목의 생리, 생태적 특성을 파악해야 한다**
화훼상품의 특징	**• 가격변동이 심하다** **• 계절, 기념일에 따른 수요가 증감된다** **• 수요의 지역적 편차가 있다** **• 시대적 유행의 변화를 받는다**

용도별 화훼소비 (2000년) (단위: %)

구분	경조사용	행사용	가정용	기타
한국	60	20	10	10
일본	20	10	30	40
네덜란드	20	–	40	40

계절별 화훼소비 (단위: %)

구분	봄	여름	가을	겨울
한국	36.3	14.7	21.7	27.3
일본	27.5	23.4	21.3	26.9

2. 화훼산업의 유형

화훼산업의 유통적 특징을 보면 기술, 노동, 자본 집약적 농업으로 소비지향의 유통기술이 요구되며 우리나라의 경우 절화시장과 분화시장으로 양분화 되어 있고 서울을 포함한 수도권 중심으로 활성화되어 있다. 유행과 계절에 민감한 소비반응을 보이며 좀 더 발전된 분업화, 전문화된 유통구조가 필요하다.

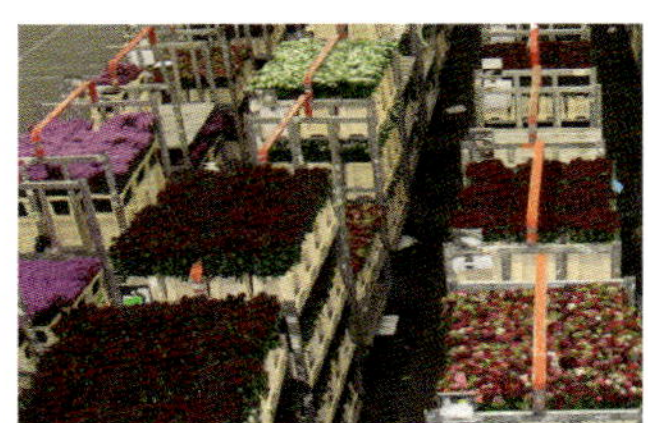

법정도매시장

화훼의 물적 유통과 가격을 형성하여 수급조절 능력, 유통정보와 금융기능을 가지고 있는 농수산물유통공사와 농협중앙회를 말한다. 과거에는 재래시장 위주의 위탁거래로 이루어졌으나 생산농가의 안정적 판로와 공정거래 정착 등을 위해 경매 중심의 법정도매시장인 서울 양재동 화훼공판장이 1991년 6월 최초로 개장되었다. 지방에는 부산 엄궁동 농협공판장이 있다. 전자식 거래방법으로 상장 수수료는 6~7% 정도이며 경기, 경남, 부산의 반입물량이 약 58%로 가장 많고 월, 수, 금의 비중이 높다.

협동조합 공판장

지역농업중앙회나 협동조합에 의해 운영되는데 일반적인 도매시장과 비슷한 구조와 기능을 가진다. 화훼공판장으로는 서울 양재동, 부산 엄궁동, 부산 · 경남 · 영남 화훼, 광주 원예, 경기 화훼, 한국난농협, 경남중부화훼농협 등이 있다.

재래시장

위탁판매 위주로 도매거래를 하는 재래시장으로 1970년대 우리나라 최초인 남대문 꽃시장이 생겼다. 현재 대표적인 재래시장으로 절화중심의 경부선 꽃도매상가, 호남선 꽃도매상가, 남대문 등이 있으며 분화시장은 남서울화훼집하장과 하남화훼도매상가 등으로 나눈다. 위탁판매 시 수수료가 15%로 높은 편이어서 불공정거래의 소지가 있으므로 투명한 유통이 이루어지도록 전산화, 법인화 등의 공정거래가 필요하다.

소비시장

일반적인 화원 또는 꽃상가를 말하는데 최근에는 유통단계를 줄이고 이익을 높이기 위해 대규모, 체인점, 플라워카페, 숍앤숍 등 다양한 형태로 변화되고 있다.

3. 플라워 숍

화훼장식품을 소비자에게 판매할 목적으로 제작할 때는 실용성과 대중적 상품 가치가 있어야 한다. 이렇게 화훼장식품뿐만 아니라 부가적인 서비스를 소비자에게 제공하여 판매하는 곳을 플라워 숍 화원이라 한다. 플라워 숍은 구매, 디자인, 가격, 진열, 판매, 배달, 통신 서비스 등을 제공하여 더 큰 부가가치를 창출한다. 판매방식에 따라 노점형, 점포형, 사무실형, 농장 직매장형, 복합형 등으로 분화되고 경영방식에 따라 직영점, 프랜차이즈, 체인점, 협력점, 총판점으로 나누어지고 있다.

노점형

시내 중심의 거리에서 점포 없이 손수레나 차량에 상품을 진열해 놓고 절화 및 꽃다발, 분화류 등의 상품을 판매하는 형태이다. 점포의 관리비나 임대료, 세금 등의 비용이 없어 가격이 저렴하다.

사무실형

매장이 없이 광고를 통해 전화, 팩스, 인터넷 등의 주문을 받아 판매하는 형태이다. 주문한 상품을 직접 제작하여 배달하거나 다른 꽃가게를 연결하여 중간 알선을 하는 업체도 있다.

농장 직매장형

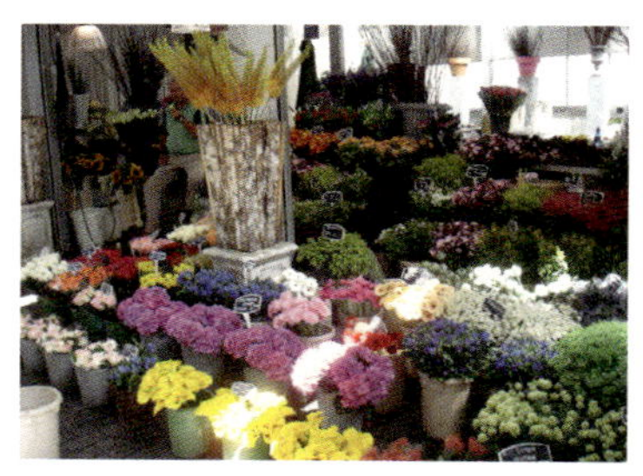

도시 주변지역의 온실, 비닐하우스에서 자체 생산한 상품이나 인근농장에서 생산한 상품 등을 도소매 형태로 저렴하게 판매하는 꽃가게이다.

점포형

점포를 가지고 화훼장식품을 제작하여 판매하는 가장 일반적인 형태이다.

프랜차이즈 체인점(franchise chain)

본점과 가맹점으로 서로 소유주가 다른 독립된 기업이면서 본점과 동일한 상표의 상품과 상호를 쓰면서 영업하고 본점으로부터 상품제작, 경영 지도 등을 받고 본점에 로열티를 지불하는 계약을 체결하여 이루어지는 사업형태이다. 순수입의 이익이 적을 수 있으나 비교적 안정적으로 운영할 수 있는 장점이 있다.

상품구매 시 유의사항

상품의 질을 직접 확인하기 위해 시장을 방문할 경우, 상품에 대한 사전지식이 필요하다. 판매되는 식물의 품종, 크기, 다양한 화색, 취급 및 관리요령, 기타 물품 등의 상품적 가치를 알고 있어야 한다. 절화의 경우 품종 고유의 특성을 나타내는 꽃, 잎, 줄기의 균형과 물올림이 잘된 신선한 상태의 절화를 선택한다. 용도에 따라 절화의 상태가 다를 수 있으므로 구입과 판매 상태를 고려한다. 줄기는 너무 굵거나 가늘지 않아야 하고 휘지 않고 곧은 것이 좋으며 잎은 병충해나 농약의 잔류 없이 깨끗한 것을 고른다. 분화의 경우 전체적으로 균형이 잡히고 뿌리턱 부분이 튼튼하고 도장되지 않은 것으로 키가 작고 잎이 많은 것을 선택하는 것이 좋다. 잎에 상처가 있거나 병든 잎이 없어야 하며 뿌리가 잘 발달된 것으로 고른다.

소비자가 갖는 화훼에 대한 의견 ('꽃의 소비에 관한 앙케트', 1999)

항목	동의율(%)
여하튼 신선한 꽃을 원한다	70
구매했을 때의 아름다움이 그대로 오래 유지되길 바란다	57
꽃값이 싸면 좀 더 사고 싶다	57

절화의 선도와 수명의 구별

	상태	판정	판정인	대책
선도	외관상의 신선함	주관(主觀), 시각, 촉감	시장, 꽃집, 소비자	수분보급, 저온
수명	꽂고 나서 관상가치를 잃을 때까지	일수	소비자	전처리, 후처리, 저온

* 절화의 '선도(鮮度)'와 '수명(壽命)'은 절화에서는 선도를 좁은 의미로 쓰이는 싱싱하고 신선한 상태를 의미한다. 꽃 수명은 관상 가능한 기간을 의미하며, 꽃을 꽂고 나서부터 관상가치를 잃어 버릴 때까지의 일수를 나타낸다. 그러나, 관상가치의 유무에는 객관적인 판단 기준은 없다.

절화의 등급규격

항목	특	상	보통
꽃	품종 고유의 모양, 색이 선명하고 뛰어난 것	품종 고유의 모양, 색이 선명하고 양호한 것	특, 상에 미달된 것
줄기	강하고, 휘지 않고, 굵기가 일정한 것	강하고 조금 휘고, 굵기가 약간 일정한 것	
꽃대 길이	2급 이상으로 크기 구분이 섞이지 않는 것	4급 이상으로 크기 구분이 섞이지 않은 것	
개화 정도	품목별 개화구분이 정해짐		
손질	마른잎이 없고 깨끗이 정리된 것	마른잎이 비교적 정리가 잘된 것	

절화길이 등급 (기준: 1묶음 평균의 꽃대길이)

품목(대형종)	1등급	2등급	3등급	4등급	1묶음본수
국화	85 이상	75 이상	65 이상	65 미만	20
카네이션	65	50	40	40	10 또는 20
장미	80	70	50	50	10 또는 20
백합	80	70	60	60	5 또는 10

상품진열

진열은 고객이 상품을 구입하기 위한 공간이므로 진열은 상품 그 자체이다. 상품의 특성이나 놓이는 곳에 맞게 목적과 주제를 설정하고 조명, 색채 등을 활용하여 효과적으로 고객에게 구매 욕구를 자극하여 매출 증대를 이루기 위한 수단이다. 정해진 공간에 고객층에 맞도록 상품을 진열해야 하는데 판매실적량, 상품의 가격, 상품의 재고, 상품의 회전속도 등을 고려하여 진열한다. 초화류, 구근류, 관엽류, 선인장류 등의 같은 품목별로 진열하거나 선물용이나 테마별로 연관성 있게 진열한다. 색상별로 분류하거나 구매 동선, 계산대 활용, 소도구나 소품의 활용, POP 활용, 상품의 특성을 활용하여 식물의 색과 특색을 표현할 수 있게 진열한다. 또한 아무리 목적과 특성을 가지고 진열하더라도 매장의 청결과 정리 정돈이 최우선되어야 한다.

〈진열효과를 위한 점검사항〉

- 매장 안의 불필요한 상자나 물건 등이 놓여 있는가
- 천장에 곰팡이나 거미줄이 있는가
- 조명이 끊긴 것이 있는가
- 시일이 지난 포스터나 부착물이 있는가
- 가격 표시가 되어 있는가
- 상품에 먼지가 있는가
- 거의 변화가 없는 상품이 길게 방치되어 있는가
- 계산대 주위에 불필요한 것이 있는가

상품의 진열방법

기획력	판매할 상품을 적극적으로 진행하여 호소력 증가
배치력	팔기 쉬운 위치 설정으로 시선 집중을 유도
상품력	판매할 상품의 적절한 구색을 통해 흥미를 유발
연출력	구매자 욕구를 일으켜 흥미 동선을 유발
설득력	상품 설명, 가격 표시 등을 정확히 하여 상품의 신뢰성을 증가

판 매

매장 방문을 통한 직접 판매와 전화 및 인터넷주문의 배달 판매로 나뉘며 판매를 촉진하기 위해 광고, 홍보, 인적 판매를 통해 소비자의 구매의욕을 높인다. 홍보 수단으로는 신문, 잡지, TV, 라디오의 4대 매체와 우편(DM), 옥외광고, 점포 내 광고, 인터넷광고 등이 있으며 쉽게 할 수 있는 명함, 주문접수증, 주문서, 청구서, 견적서, 내역서, 영수증 등의 일정 양식에 홍보용 문구나 로고 등을 넣는 방법이 있다. 화훼상품의 대부분은 증정을 목적으로 하는 경우가 많아 화원을 방문하지 않고 구매하는 통신 및 사이버판매의 수요가 많다.

신문 광고	장점	• 신뢰도가 높은 이미지 • 설득성이 강한 광고에 적합 • 공간, 횟수, 날짜 등에 따라 결제 가능
	단점	• 광고의 수명이 짧고 독자층 선택이 어려움 • 인쇄 컬러의 질이 낮아 고급스러운 광고는 어려움
잡지 광고	장점	• 명확한 독자층 확보, 특정계층의 집중적 광고가 가능 • 기록성, 보전성, 고급스러운 광고 가능
	단점	• 페이지 위치에 따른 광고효과와 비용의 편차 심함 • 신속한 광고의 어려움
TV 광고	장점	• 시각, 청각 등의 다양한 경로로 전달이 가능 • 대중적 광고와 반복광고의 큰 효과
	단점	• 비싼 광고비 • 수명이 짧고 낮은 보전성
라디오 광고	장점	• 장소에 구애받지 않음 • 매체 이용가격이 비교적 저렴
	단점	• 청각에만 의존하므로 구체적 상품제시가 어려움 • 청취 계층이 다양

배달관리

화훼산업에서 통신 및 사이버판매가 증가하고 있는 추세인데, 이때 배달도 함께 이루어지므로 판매자의 관리가 필요하다. 배달 중 상품의 품질유지가 중요하며 배달시간준수, 배달 전 전화통화로 정확한 배달경로 확보, 상품 인계 때 인수증 확인, 배달완료 시 주문자에게 확인이 필요하다.

고객의 구매심리

실제로 꽃을 살 고객이 꽃을 사는 시점에서, 구매심리는 '목적구매'와 '충동구매'로 나눠볼 수 있다. 일반적으로 꽃을 사러 올 때 '오늘은 붉은 꽃을 산다'든가, '푸른 꽃을 산다'라고 생각하고서 꽃집에 오는 사람은 별로 없다. 고객의 주의를 끌고, 흥미를 느끼게 하고, 욕구를 일으킨 후 구매를 유도한다.

고객의 구매심리

목적구매	불화(佛花)	헌화(獻花)	• 관상보다 수명이 우선, 원색계(原色系)선호
	선물	병문안	• 원기, 양기, 희망 등을 나타내는 밝은 색을 선택하고, 향기가 강한 꽃은 제외
		방문	• 계절감, 센스, 보기를 중요시
		생일, 기념일	• 꽃말이나 상대방의 기호를 중요시
	업무수요	혼례	• 백색 위주이지만 모든 색의 꽃이 사용 • 하우스웨딩(Housewedding) 등의 영향도 있어 최근에는 강한 이미지의 소재나 짙은 색도 사용
		장의(葬儀)	• 백색의 국화, 거베라 등이 주류 • 최근에는 파스텔, 라이트계열의 핑크색도 사용
충동구매	가정수요	방을 꾸밈	• 계절감, 자신의 기호를 중요시, 장식방법의 제안이 요구
		자축용	• 요즘 사지 못한 것들에 대한 동경 • 장미 100송이, 큰 분의 호접란, 향기가 좋은 꽃 등

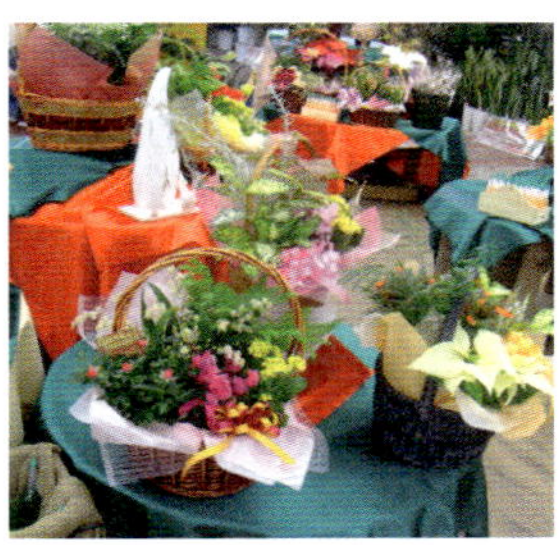

고객관리

고객에 대한 정보를 수집 · 분류 · 정리하여 고객과의 관계를 개선하며 단골고객을 확보하여 수익을 창출하는 것을 말한다. 고객관리를 잘하면 수요층이 지속적으로 상품을 구매하기 때문에 수입에 안정을 줄 수 있고 다양한 상품과 용도에 맞는 제품을 제안할 수 있으며 고객의 홍보(입소문)에 의해 새로운 고객을 확보할 수 있다.

일반정보	이름, 주소, 전화번호, 직업,생일, 결혼기념일, 가족관계, 주거형태
이용정보	월평균 꽃 구입액, 이용빈도, 식물에 대한 지식 정도, 좋아하는 식물

가격책정

가격이란 판매자가 제공하는 상품과 그에 관련된 서비스에 대한 대가로 구매자가 지불하는 화폐의 양이다. 가격은 수익과 연결되므로 소비자와 판매자 모두가 만족할 만한 가격을 설정한다. 판매가격은 '매입원가+매입비용+마진(margin)'을 말한다.

- 이익=판매가격−판매원가(상품의 배입가격에 운임, 운송, 보험료, 보관료 등의 부대비용)
- 마진=판매가격−매입원가(포장비, 발송비, 광고비, 급여 등과 같은 영업비를 더한 것)

상품의 가격을 결정하는 방법으로 원가중심의 가격설정, 구매자 중심의 가격설정, 경쟁자 중심의 가격설정으로 구분할 수 있다.

단수가격	• 경제성의 이미지를 제공하여 구매를 자극하는 방법 • 1,000원보다는 990원이 싸다는 느낌을 이용하는 것
관습가격	• 장기간 같은 가격을 고수하여 소비자 인식에 굳어진 가격
명성가격	• 비싼 것일수록 좋은 것이라는 소비자의 기대심리를 이용하는 방법
개수가격	• 고급 품질의 이미지를 제공하여 구매를 자극하기 위해 하나에 얼마 하는 식의 개수가격을 구사하는 전략

Chapter 16
식물도감

1. 절 화

아가판서스

- 과명: 백합과
- 원산지: 남아프리카
- 영명: Lily of the Nile
- 학명: *Agapanthus* spp.

아게라툼

- 과명: 국화과
- 원산지: 멕시코, 페루
- 영명: Mexican Ageratum
- 학명: *Ageratum houstonianum*

알리움

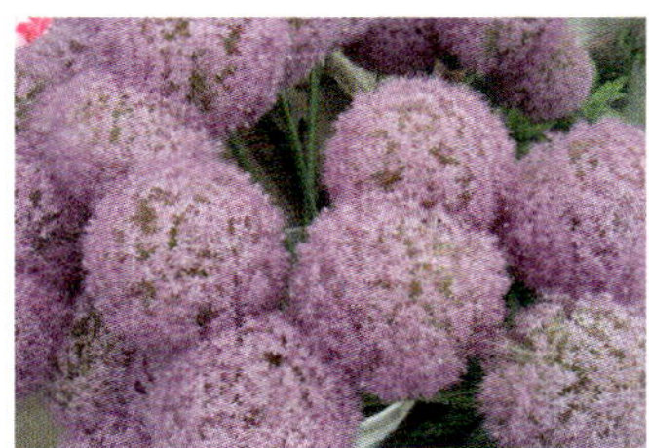

- 과명: 백합과
- 원산지: 북반구
- 영명: giant Onion
- 학명: *Allium giganteum*

알스트로에메리아

- 과명: 알스트로에메리아과
- 원산지: 남아프리카
- 영명: Lily of the Incas
- 학명: *Alstroemeria* spp.

줄맨드라미

- 과명: 비름과
- 원산지: 중앙아시아, 남부아시아
- 영명: Love-lies-Bleeding
- 학명: *Amaranthus* spp.

아네모네

- 과명: 미나리아재비과
- 원산지: 지중해연안
- 영명: Poppy Aneomone
- 학명: *Anemone* spp.

안스리움

- 과명: 천남성과
- 원산지: 콜롬비아
- 영명: Flamingo Lily
- 학명: *Anthurium andraeanum*

금어초

- 과명: 현삼과
- 원산지: 지중해연안
- 영명: Snapdragon
- 학명: *Antirrhinum majus*

공작초(아스터)

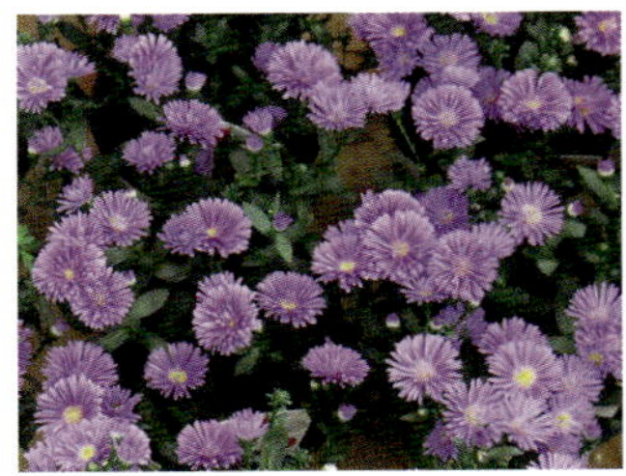

- 과명: 국화과
- 원산지: 북아메리카, 아시아 고산
- 영명: Aster
- 학명: *Aster* spp.

노루오줌

- 과명: 범의귀과
- 원산지: 한국, 중국
- 영명: Astilbe
- 학명: *Astilbe chinensis* Fran.

부바르디아

- 과명: 꼭두서니과
- 원산지: 중남미
- 영명: Bouvardia
- 학명: *Bouvardia* spp.

금잔화

- 과명: 국화과
- 원산지: 유럽남부
- 영명: Common Marigold
- 학명: *Calendula officinalis*

과꽃

- 과명: 국화과
- 원산지: 한국, 중국
- 영명: China Aster
- 학명: *Callistephus chinensis*

캄파눌라(종꽃)

- 과명: 초롱꽃과
- 원산지: 유럽남부, 프랑스
- 영명: Bell flower
- 학명: *Campanula medium*

카틀레야

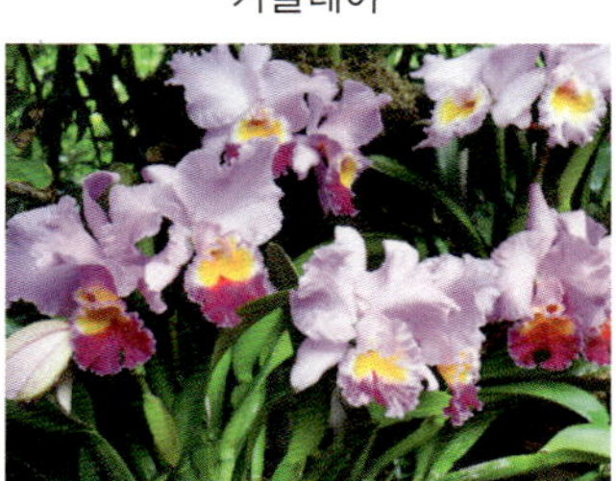

- 과명: 난과
- 원산지: 중남미
- 영명: Cttleya
- 학명: *Cttleya* spp.

맨드라미

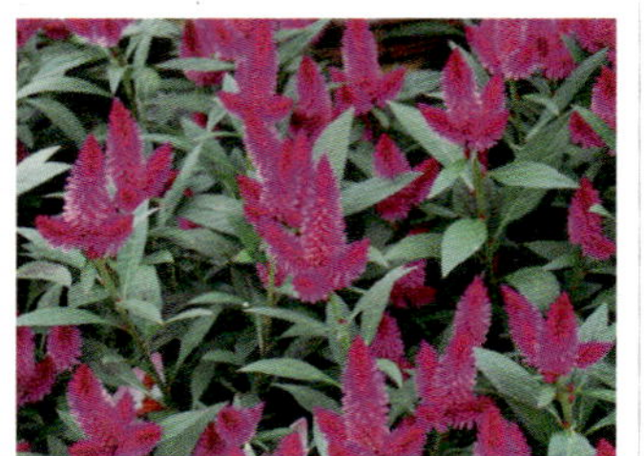

- 과명: 비름과
- 원산지: 열대아시아, 인도
- 영명: Celosia
- 학명: *Celosia cristata*

왁스플라워

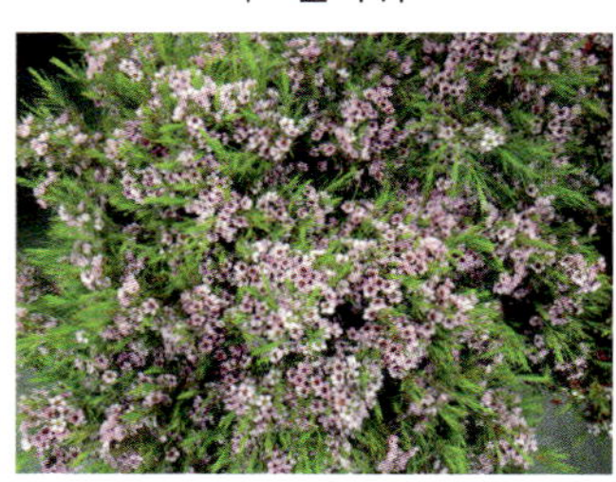

- 과명: 도금양과
- 원산지: 오스트레일리아
- 영명: Geraldton Waxflower
- 학명: *Chamelaucium uncinatum*

은방울꽃

- 과명: 백합과
- 원산지: 유럽
- 영명: Lily-of-the-Valley
- 학명: *Convallaria majalis*

쿠르쿠마

- 과명: 생강과
- 원산지: 열대아시아
- 영명: Hidden Lily
- 학명: *Curcuma* spp.

심비디움

- 과명: 난과
- 원산지: 동아시아
- 영명: Cymbidium
- 학명: *Cymbibium* spp.

다알리아

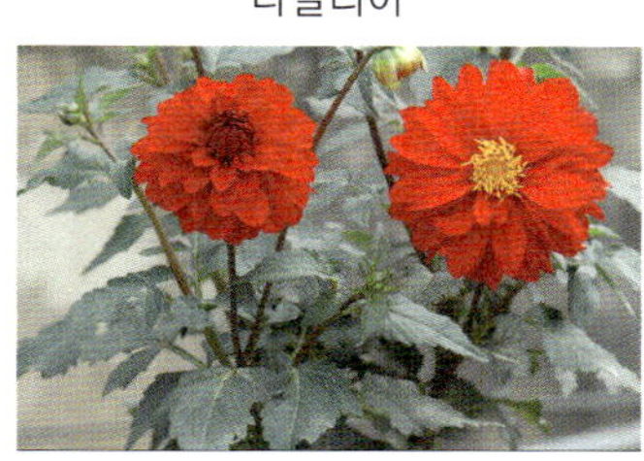

- 과명: 국화과
- 원산지: 멕시코, 과테말라
- 영명: Dahlia
- 학명: *Dahlia* spp.

델피늄

- 과명: 미나리아재비과
- 원산지: 멕시코
- 영명: Delphinium
- 학명: *Delphinium hybridum*

국화

- 과명: 국화과
- 원산지: 한국, 중국
- 영명: Florist's Chrysanthemum
- 학명: *Dendranthema x grandiflora*

덴파레

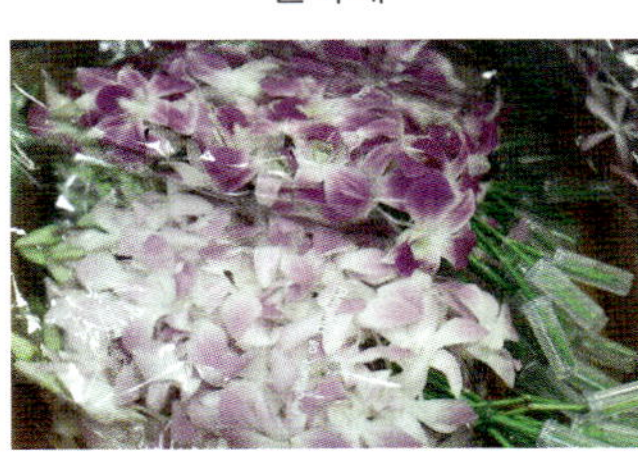

- 과명: 난과
- 원산지: 동아시아, 오세아니아
- 영명: Dendrobium
- 학명: *Dendrobium phalaenopsis*

석죽

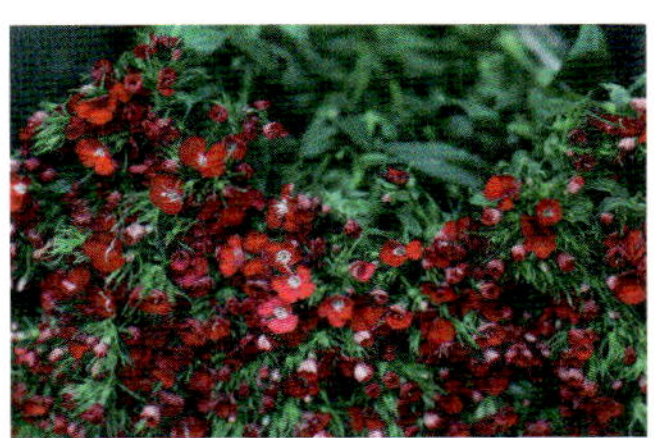

- 과명: 석죽과
- 원산지: 원예종
- 영명: Sweet Willian
- 학명: *Dianthus* spp.

카네이션

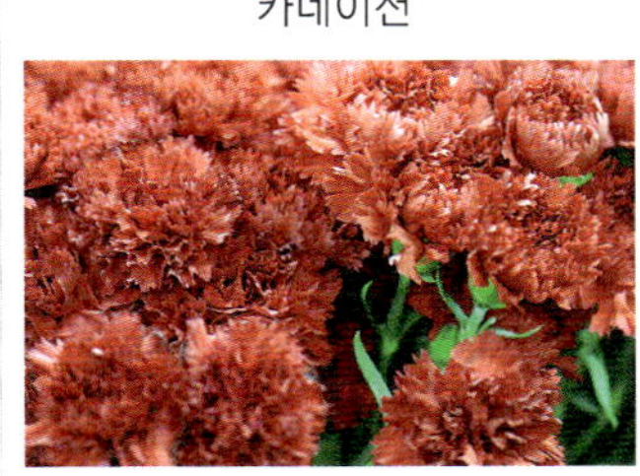

- 과명: 석죽과
- 원산지: 지중해연안
- 영명: Carnation
- 학명: *Carnation caryophyllus*

리시안셔스

- 과명: 용담과
- 원산지: 북미
- 영명: Lisianthus
- 학명: *Eustoma grandiflorum*

프리지어

- 과명: 붓꽃과
- 원산지: 남아프리카
- 영명: Freesia
- 학명: *Freesia* spp.

용담

- 과명: 용담과
- 원산지: 한국, 일본
- 영명: Gentian
- 학명: *Gentiana* spp.

거베라

- 과명: 국화과
- 원산지: 남아프리카
- 영명: Gerbera
- 학명: *Gerbera* spp.

글라디올러스

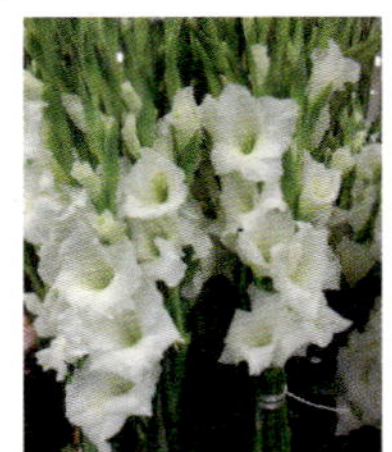

- 과명: 붓꽃과
- 원산지: 원예품종
- 영명: Gladiolus
- 학명: *Gladiolus x hybridus*

글로리오사

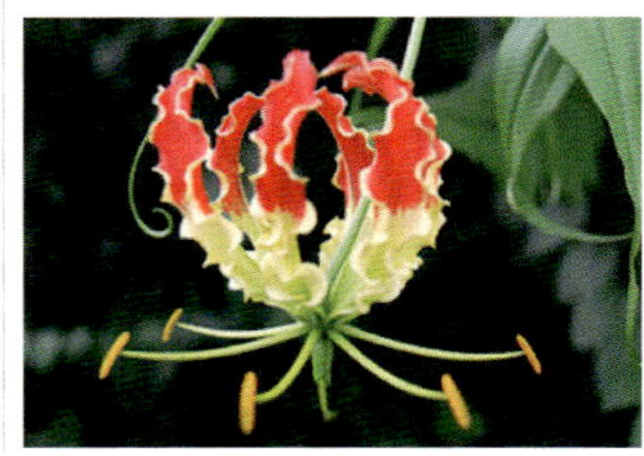

- 과명: 백합과
- 원산지: 우간다, 케냐
- 영명: Rothschild-glory-Lily
- 학명: *Gloriosa rothschildiana* O'Brien

천일홍

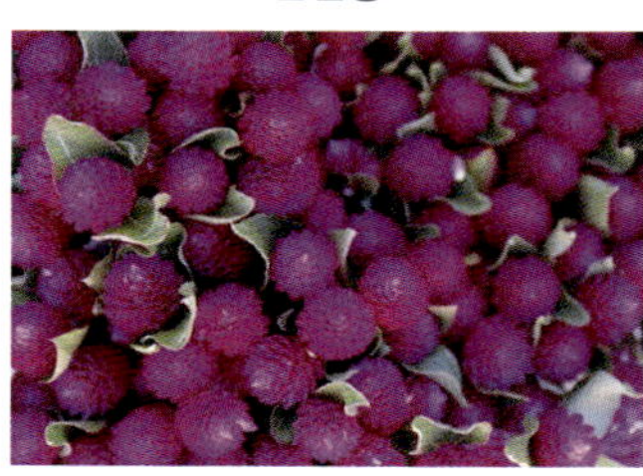

- 과명: 비름과
- 원산지: 열대아메리카
- 영명: Globe Amaranth
- 학명: *Gomphrena globsa*

안개초(숙근)

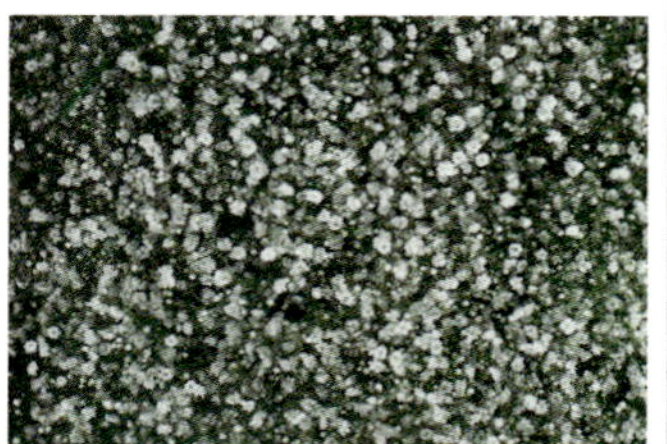

- 과명: 석죽과
- 원산지: 유럽아시아
- 영명: Baby's Breath
- 학명: *Gyposophils Paniculata*

해바라기

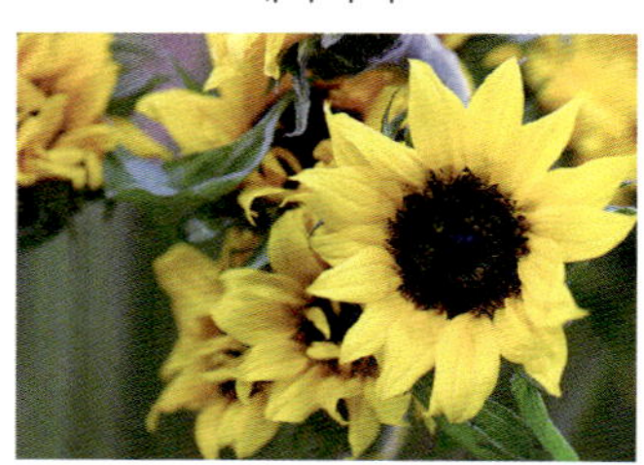

- 과명: 국화과
- 원산지: 북아메리카
- 영명: Sun flower
- 학명: *Helianthus annuus*

아마릴리스

- 과명: 수선화과
- 원산지: 열대아메리카
- 영명: Amaryllis
- 학명: *Hippeastrum* spp.

히아신스

- 과명: 백합과
- 원산지: 시리아, 레바논
- 영명: Hyacinth
- 학명: *Hyacinth* spp.

아이리스

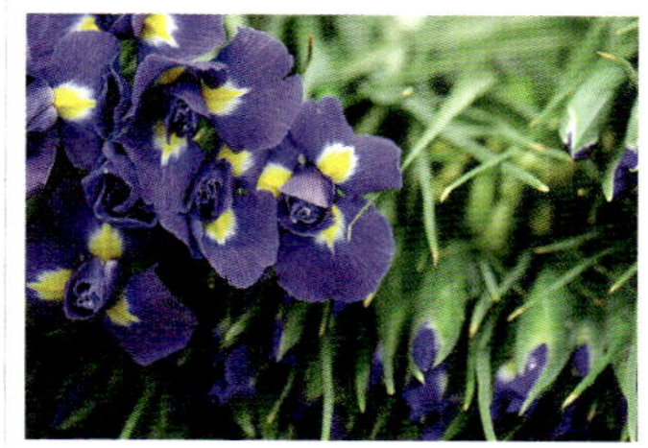

- 과명: 붓꽃과
- 원산지: 지중해연안
- 영명: Dutch Iris
- 학명: *Iris x hollandica*

리아트리스

- 과명: 국화과
- 원산지: 북아메리카
- 영명: Liatria, Gayfeather
- 학명: *Liatris spicata*

익소라

- 과명: 꼭두서니과
- 원산지: 중국
- 영명: ixora
- 학명: *Ixora coccinea* L.

스위트피

- 과명: 콩과
- 원산지: 이탈리아 시칠리섬
- 영명: Sweet Pea
- 학명: *Lathyrus odoratus* L.

나팔백합

- 과명: 백합과
- 원산지: 북반구 아열대
- 영명: Lily
- 학명: *Lilium* spp.

오리엔탈백합

- 과명: 백합과
- 원산지: 북반구 아열대
- 영명: Lily
- 학명: *Lilium* spp.

미스티블루(숙근스타티스)

- 과명: 갯질경이과
- 원산지: 남부유럽
- 영명: Hybrid Limonium
- 학명: *Limonium hybriidum*

스타티스

- 과명: 갯질경이과
- 원산지: 지중해연안
- 영명: Statice
- 학명: *Limonium sinuatum*

스토크

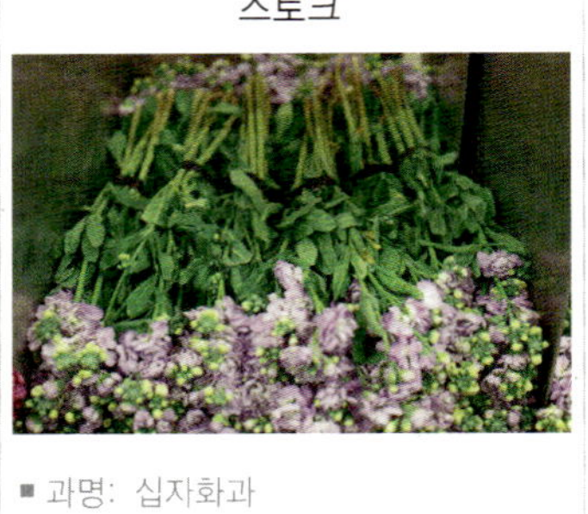

- 과명: 십자화과
- 원산지: 남부유럽
- 영명: Stock
- 학명: *Matthiola incana*

무스카리

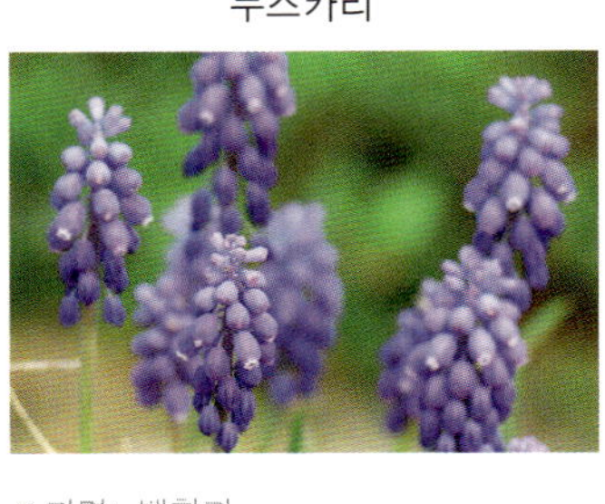

- 과명: 백합과
- 원산지: 아르메니아, 유럽
- 영명: Blue Grape Hyacinth
- 학명: *Muscari armeniacum*

수선화

- 과명: 수선화과
- 원산지: 지중해연안
- 영명: Daffodil, Narcissus
- 학명: *Narcissus* spp

온시디움

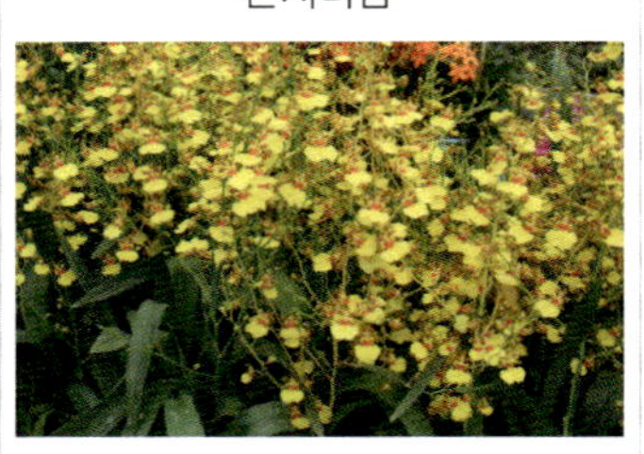

- 과명: 난초과
- 원산지 열대, 아열대 아메리카
- 영명: Dancing Lady Orchid
- 학명: *Oncidium* spp.

작약

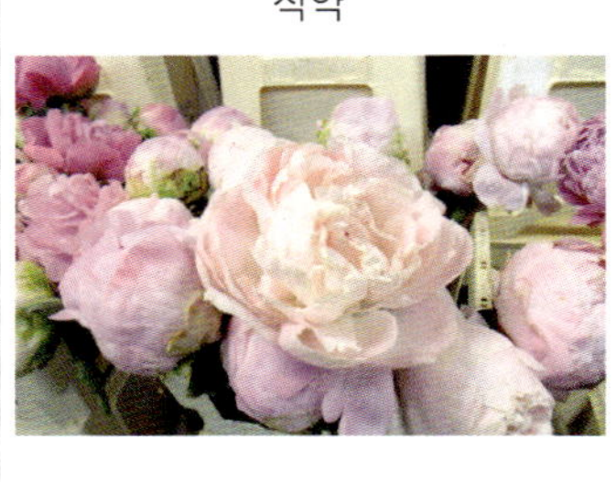

- 과명: 미나리아재비과
- 원산지: 한국, 일본, 중국
- 영명: Paeony
- 학명: *Paeonia japonica*

옥시페탈럼

- 과명: 박주가리과
- 원산지: 브라질, 우루과이
- 영명: Southern Star
- 학명: *Oxypetalum caeruleum*

포피

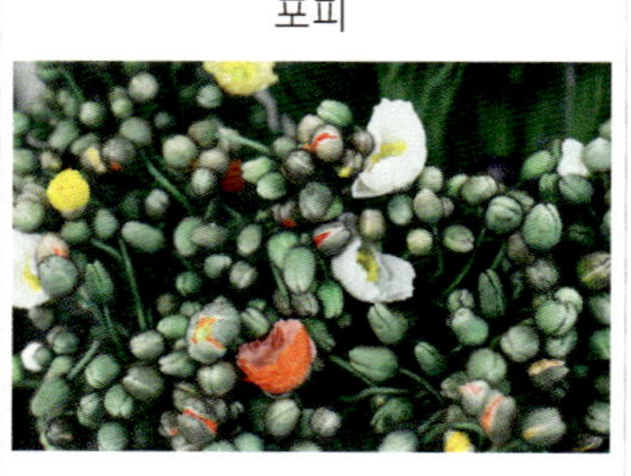

- 과명: 양귀비과
- 원산지: 북반구, 시베리아
- 영명: Poppy
- 학명: *Papaver nudicaule*

팔레놉시스(호접란)

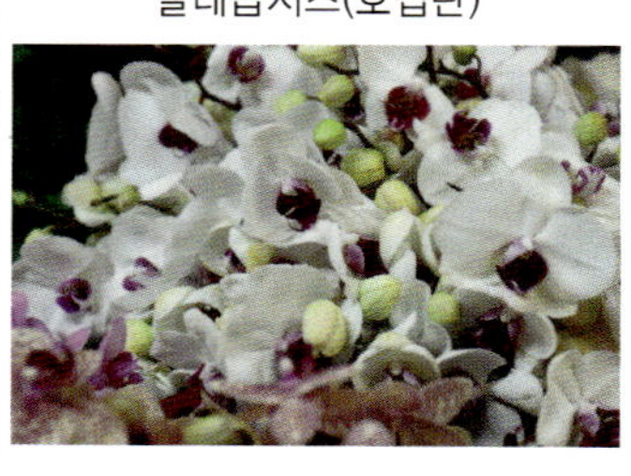

- 과명: 난과
- 원산지: 인도, 동아시아, 호주
- 영명: Moss Orchid
- 학명: *Phalaenopsis* spp.

라넌큘러스

- 과명: 미나리아재비과
- 원산지: 유럽동남부, 아시아서남부
- 영명: Persian Buttercup
- 학명: *Ranunculus asianticus* L.

장미

- 과명: 장미과
- 원산지: 북반구
- 영명: Rose
- 학명: *Rose x hybrida*

산다소니아

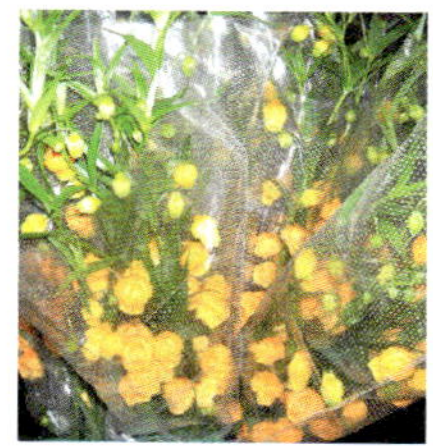

- 과명: 백합과
- 원산지: 남아프리카
- 영명: Christmas-bells
- 학명: *Sandersonia aurantiaca*

코카서스(솔체꽃)

- 과명: 산토끼꽃과
- 원산지: 코카서스
- 영명: Caucasian Scabious
- 학명: *Scabious caucasian* Bief.

극락조화

- 과명: 극락조화
- 원산지: 남아프리카
- 영명: Bird-of -Paradise
- 학명: *Strelitzia reginae*

아프리칸 매리골드

- 과명: 국화과
- 원산지: 멕시코
- 영명: African Marigold
- 학명: *Tagetes erecta* L.

튤립

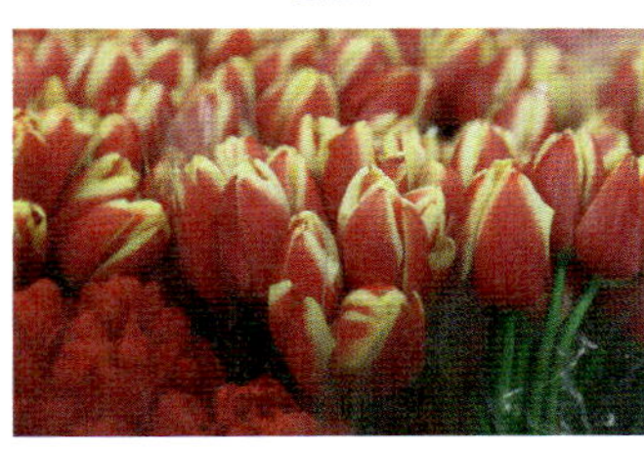

- 과명: 백합과
- 원산지: 중앙아시아, 북아프리카
- 영명: Tulip
- 학명: *Tulipa* spp.

부들

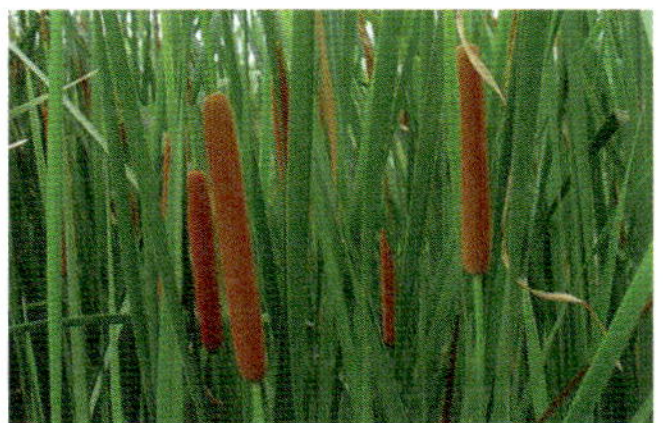

- 과명: 부들과
- 원산지: 한국, 일본, 중국
- 영명: Cattail
- 학명: *Typha orientalis* Presl.

칼라

- 과명: 천남성과
- 원산지: 남아프리카
- 영명: Calla, Calls Lily
- 학명: *Zantedeschia* spp.

백일홍

- 과명: 국화과
- 원산지: 멕시코
- 영명: Zinniz
- 학명: *Zinnia elegans*

2. 절 엽

에크메아

- 과명: 파인애플과
- 원산지: 브라질
- 영명: White Margined Vase
- 학명: *Aechmea fasciata Baker*

아글라오네마

- 과명: 천남성과
- 원산지: 필리핀, 원예종
- 영명: Silver Evergreen
- 학명: *Aglaonema* spp.

스마일락스(아스파라고이데스)

- 과명: 백합과
- 원산지: 남아프리카
- 영명: Smilax Asparagus
- 학명: *Asparagus asparagoides* Wight

아스파라거스 메이리

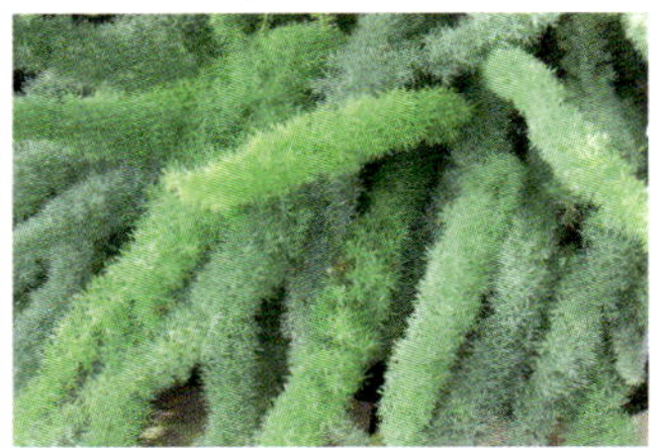

- 과명: 백합과
- 원산지: 남아프리카
- 영명: Foxtail Asparagus
- 학명: *Asparagus meyerii* Hort.

미리오

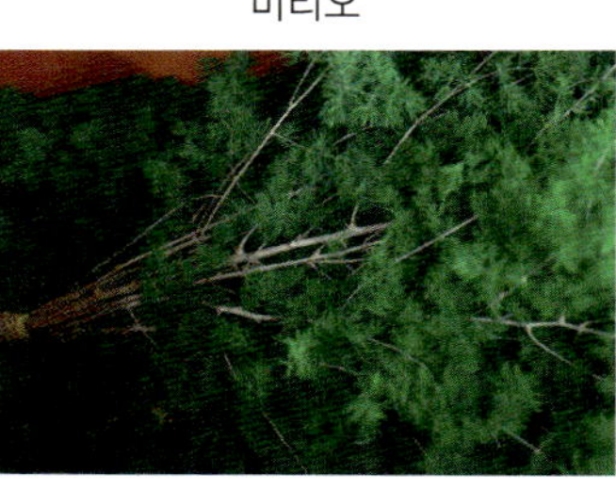

- 과명: 백합과
- 원산지: 남아프리카
- 영명: Zigzag Asparagus
- 학명: *Asparagus myriocladus Bak*

아스파라거스

- 과명: 백합과
- 원산지: 남아프리카
- 영명: Brides-bouquet Fern
- 학명: *Asparagus sprengeri*

스프렌게리

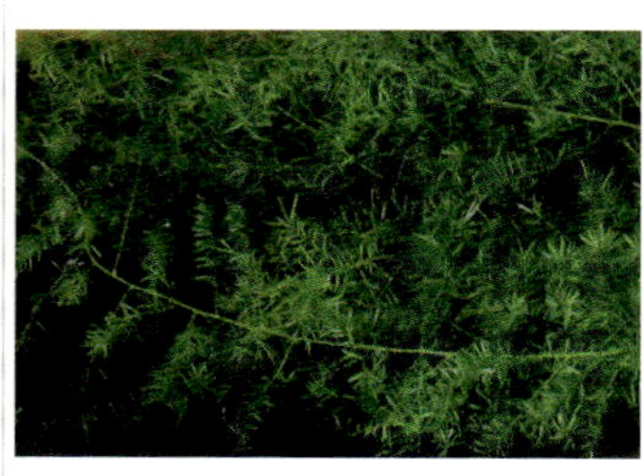

- 과명: 백합과
- 원산지: 남아프리카
- 영명: Brides-bouquet Fern
- 학명: *Asparagus sprengeri* Regel

엽란

- 과명: 백합과
- 원산지: 중국
- 영명: Cast-Iron Plant
- 학명: *Aspidistra elatior*

아스플레니움

- 과명: 고사리과
- 원산지: 중국, 일본, 인도
- 영명: Bird's Nest-Fern
- 학명: *Asplenium spp.*

꽃양배추

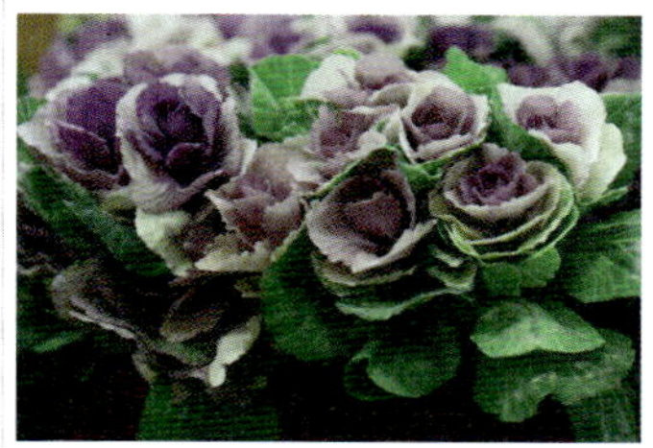

- 과명: 십자화과
- 원산지: 유럽
- 영명: Flowering Cabbage
- 학명: *Brassica oleracea var acephala*

크로톤

- 과명: 대극과
- 원산지: 원예품종
- 영명: Croton
- 학명: *Codiaeum Variegatum*

테이블 야자

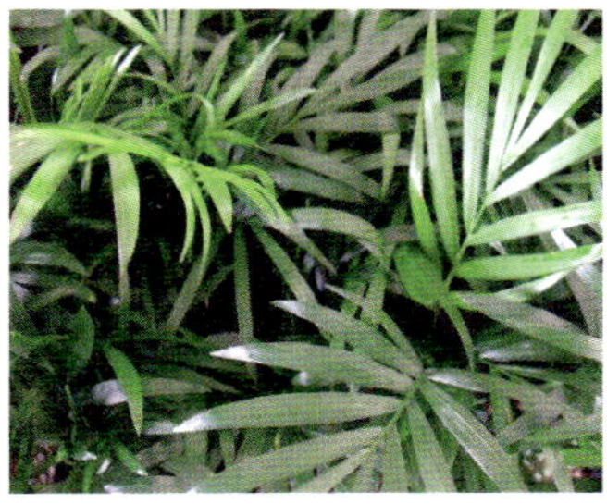

- 과명: 야자과
- 원산지: 멕시코
- 영명: Reed Palm
- 학명: *Chamaedorea seifrizii* Burret

칼라데아

- 과명: 용설란과
- 원산지: 브라질
- 영명: Rattle snake Plant
- 학명: *Calathea insignis* Bull.

코르딜리네

- 과명: 용설란과
- 원산지: 중국남부, 오스트레일리아
- 영명: Ti Plant
- 학명: *Cordyline terminalis*

소철

- 과명: 소철과
- 원산지: 동남아시아, 일본
- 영명: Sago Palm
- 학명: *Cycas revoluta* Thumb.

디펜바키아(마리안느)

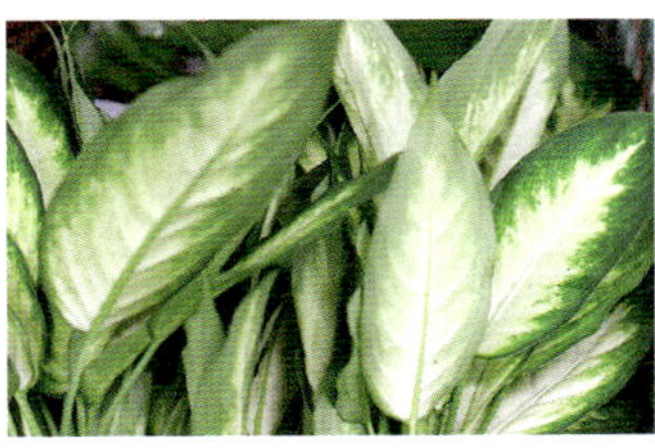

- 과명: 천남성과
- 원산지: 원예품종
- 영명: Dumbcane
- 학명: *Dieffenbachia x cv. Marianne*

드라세나	속새	스킨답서스
	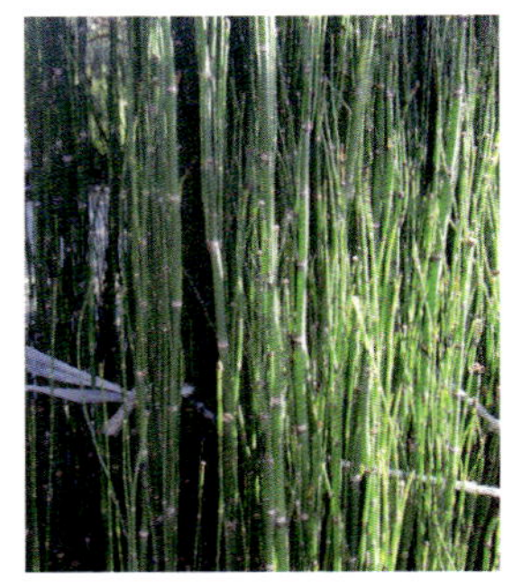	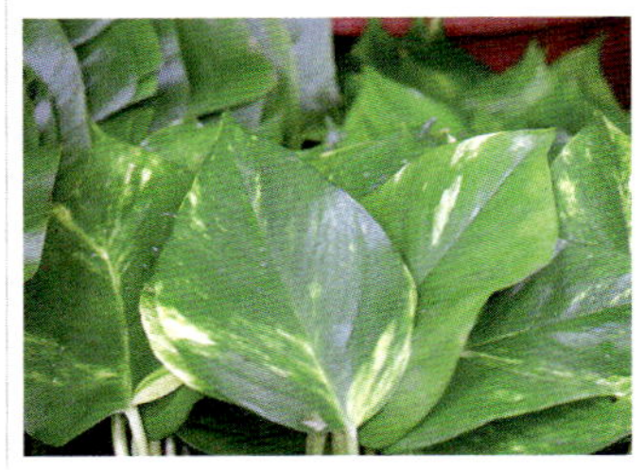
▪ 과명: 백합과 ▪ 원산지: 열대지방 ▪ 영명: Dracaena ▪ 학명: *Dracaena* spp.	▪ 과명: 속새과 ▪ 원산지: 한국, 중국, 일본 ▪ 영명: Common Scouring Rush ▪ 학명: *Eguise fum hyemale*	▪ 과명: 천남성과 ▪ 원산지: 솔로몬제도 ▪ 영명: Phothos Plant ▪ 학명: *Epipermum aureum*
유칼립투스	팔손이	구즈마니아
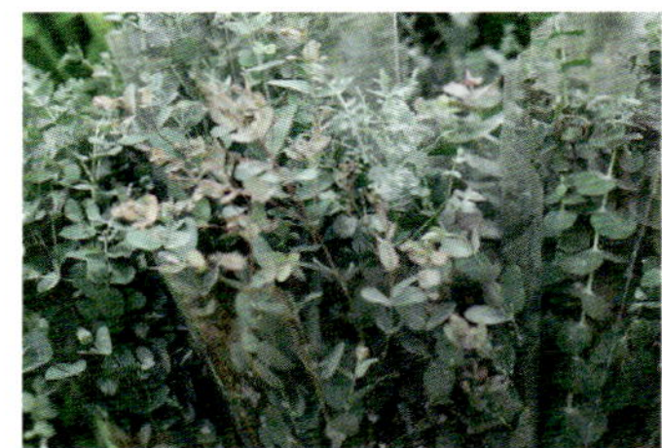		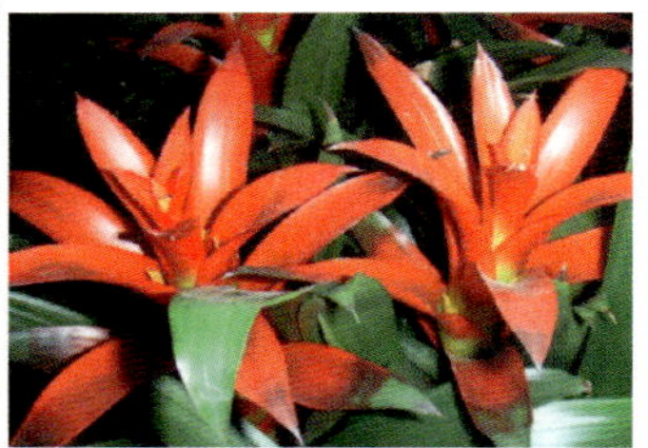
▪ 과명: 도금양과 ▪ 원산지: 오스트레일리아 ▪ 영명: Eucalypt ▪ 학명: *Eucalyptus* spp.	▪ 과명: 두릅나무과 ▪ 원산지: 한국, 일본, 동아시아 ▪ 영명: Fatsia ▪ 학명: *Fatsia japonica*	▪ 과명: 파인애플과 ▪ 원산지: 중앙아메리카 ▪ 영명: Guzmania ▪ 학명: *Guzmania* spp.
아이비	호스타(옥잠화)	히페리쿰
	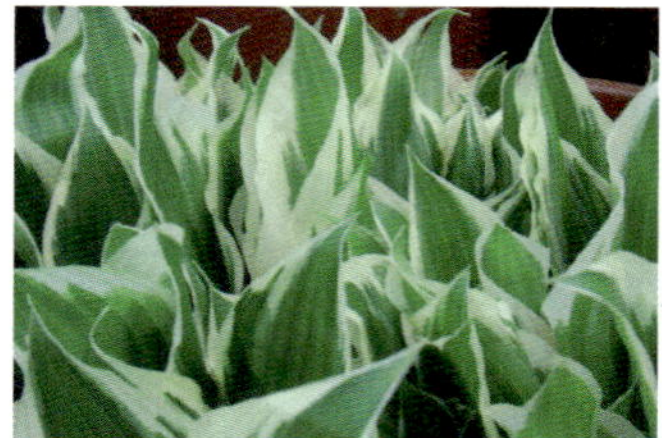	
▪ 과명: 두릅나무과 ▪ 원산지: 유럽, 아시아, 북아메리카 ▪ 영명: English Ivy ▪ 학명: *Hedera helix* L.	▪ 과명:백합과 ▪ 원산지: 원예품종 ▪ 영명: Hosta ▪ 학명: *Hosta* spp.	▪ 과명: 물푸레나무과 ▪ 원산지: 유라시아 대륙 ▪ 영명: Tutsan ▪ 학명: *Hypericum* spp.

몬스테라

- 과명: 천남성과
- 원산지: 멕시코, 중앙아시아
- 영명: Swiss-cheese plant
- 학명: *Monstera deliciosa*

네프로네피스

- 과명: 넉줄고사리과
- 원산지: 열대, 아열대
- 영명: Sword Fern
- 학명: *Nephrolepis cordifolia*

호엽란

- 과명: 백합과
- 원산지: 한국
- 영명: -
- 학명: *Ophiopogon jaburan*

필로덴드론

- 과명: 천남성과
- 원산지: 브라질남부
- 영명: Philodendron
- 학명: *Philodendron* cv. Xanadu

꽈리

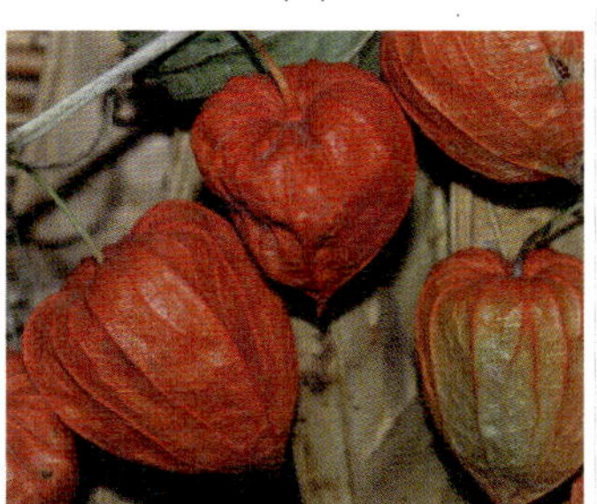

- 과명: 가지과
- 원산지: 유라시아대륙
- 영명: Chinese-lantern plant
- 학명: *Physalis alkekengi* var.

신서란

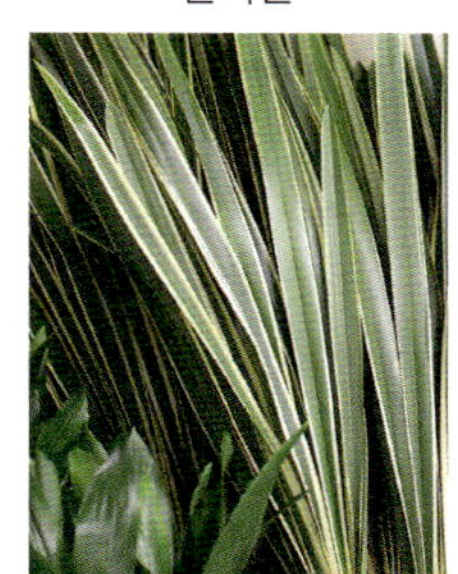

- 과명: 백합과
- 원산지: 뉴질랜드
- 영명: New Zealand Flax
- 학명: *Phormium tenax* Forst.

루모라고사리

- 과명: 면마과
- 원산지: 남반구열대~온대
- 영명: Leather Leaf Fern
- 학명: *Rumohra adiantiformis*

무늬둥글레

- 과명: 백합과
- 원산지: 원예품종
- 영명: Varieo Variegated Solomon`s seal
- 학명: *Polygonatum odoratum* Druce var.

루스커스

- 과명: 백합과
- 원산지: 유럽, 이란
- 영명: Butcher's Broom
- 학명: *Ruscus* spp.

산세베리아

- 과명: 백합과
- 원산지: 열대아프리카
- 영명: Bowstring
- 학명: *Sansevieria trifasciata*

백묘국

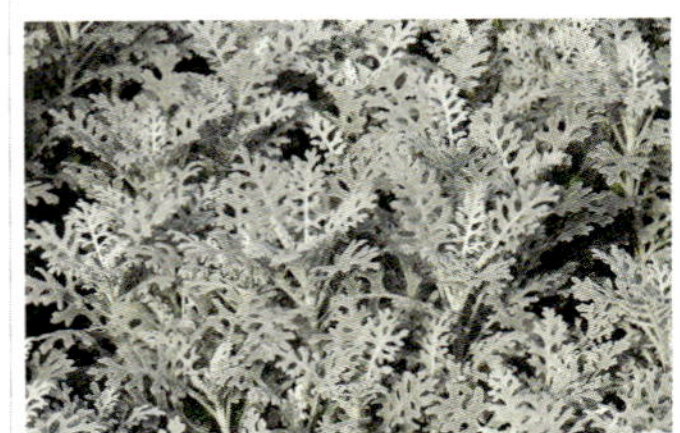

- 과명: 국화과
- 원산지: 지중해연안
- 영명: Dusty Miller
- 학명: *Senecio cineraria* DC.

스파트필름

- 과명: 천남성과
- 원산지: 원예품종
- 영명: Variegated Spath
- 학명: *Spathiphyllum* spp.

마삭줄

- 과명: 협죽도과
- 원산지: 한국, 중국, 타이완
- 영명: Chinese Ivy
- 학명: *Trachelospermum asiaticum* Nakai

당종려(도시로)

- 과명: 야자과
- 원산지: 중국중남부
- 영명: –
- 학명: *Trachycarpus wagnerianus* Becc.

멕시코 소철

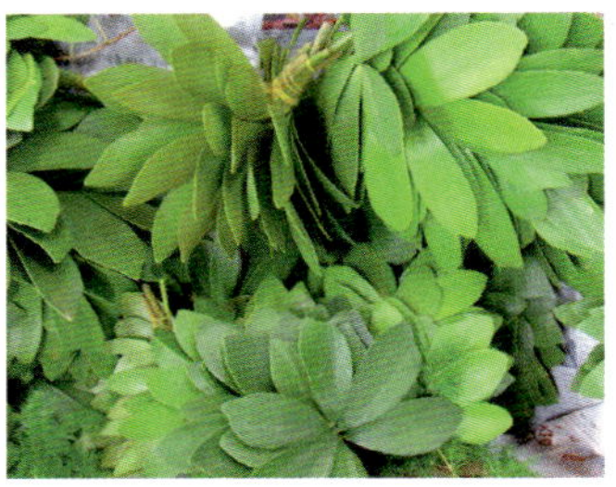

- 과명: 소철과
- 원산지: 멕시코, 서인도제도
- 영명: Jamaica Sago Tree
- 학명: *Zamia furfuracea* L.

3. 절 지

물오리나무(오리목)

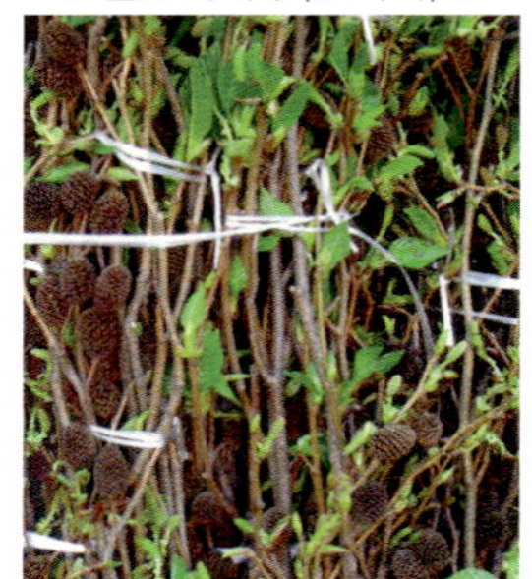

- 과명: 자작나무과
- 원산지: 한국, 중국
- 영명: Japonese Alder
- 학명: *Alnus japopnica* Thumb

동백나무

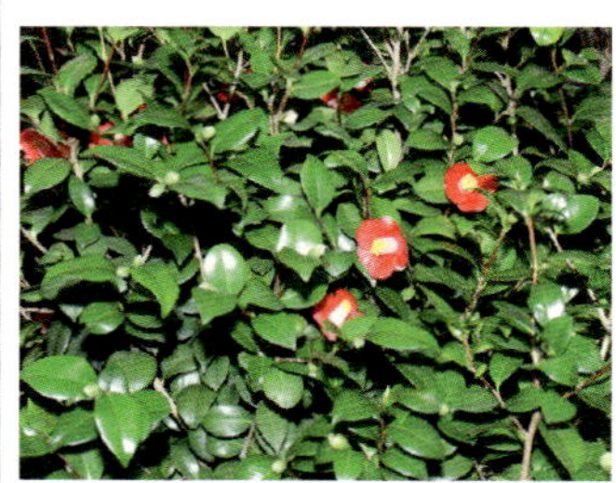

- 과명: 차나무과
- 원산지: 한국, 일본
- 영명: Camellia
- 학명: *Camellia japonica* L.

노박덩굴

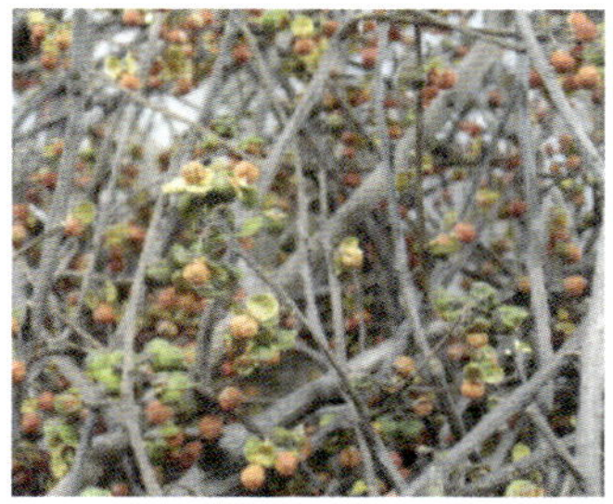

- 과명: 노박덩굴과
- 원산지: 한국, 일본
- 영명: Japanese Bittersweet
- 학명: *Celastrus orbiculatus* Thunberg.

명자나무

- 과명: 장미과
- 원산지: 중국
- 영명: Japanese Quince
- 학명: *Chaenomeles* Lagenaria G.

흰말채나무

- 과명: 층층나무과
- 원산지: 한국, 중국, 시베리아
- 영명: Siberian Dogwood
- 학명: *Cornus alba* L.

산수유

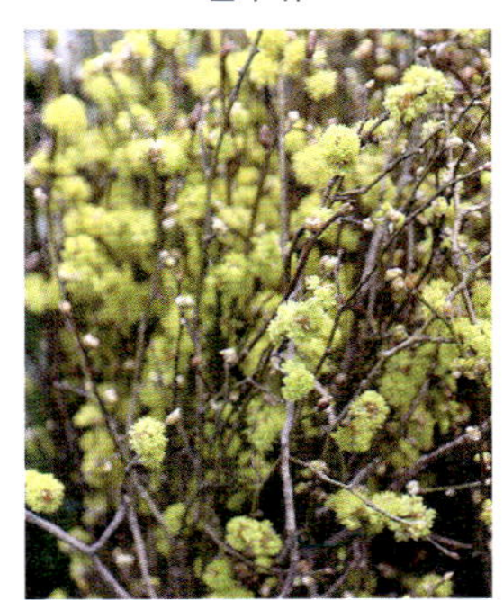

- 과명: 층층나무과
- 원산지: 한국, 중국
- 영명: Japanese Camelian Cherry
- 학명: *Cornus officinalis* Sieb.

사철나무

- 과명: 노박덩굴과
- 원산지: 한국
- 영명: Spindle Tree
- 학명: *Euonymus japonica* Thunberg.

화살나무

- 과명: 노박 덩굴과
- 원산지: 한국, 중국, 일본
- 영명: Winged Spindle Tree
- 학명: *Euonymus alata* Siebold

무화과

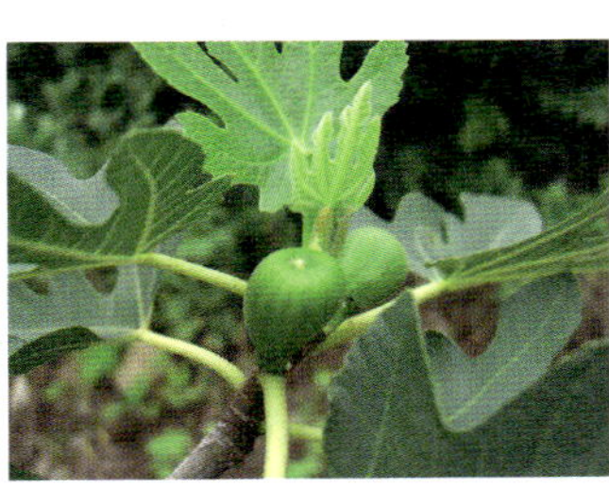

- 과명: 뽕나무과
- 원산지: 동부지중해연안
- 영명: Fig Tree
- 학명: *Ficus carica* L.

개나리

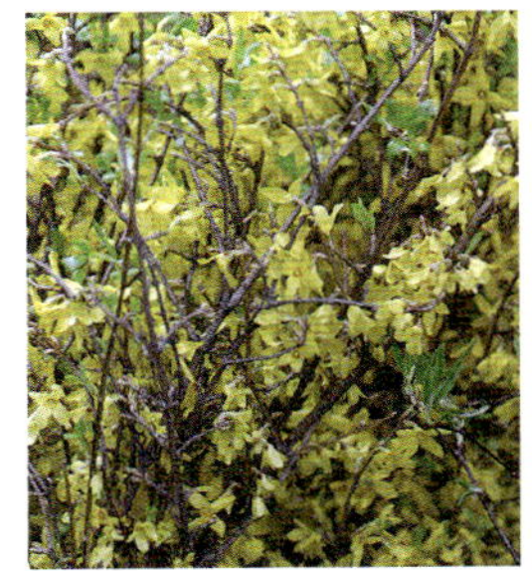

- 과명: 물푸레나무과
- 원산지: 한국
- 영명: Korea Forsithia
- 학명: *Forsythia koreana* Nakai.

치자나무

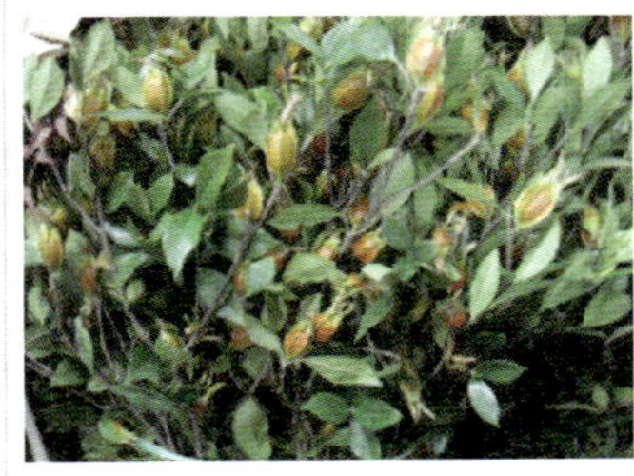

- 과명: 꼭두서니과
- 원산지: 중국, 일본, 타이완
- 영명: Gardenia
- 학명: *Gardenia jasminoides* Ellis var.

낙상홍

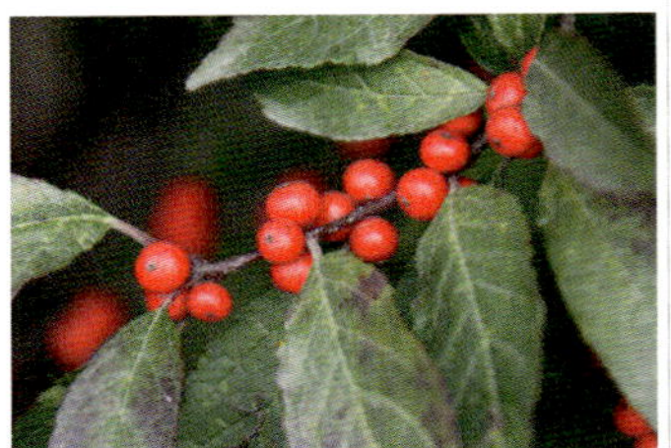

- 과명: 감탕나무과
- 원산지: 일본
- 영명: Japanese Winterberry
- 학명: *Ilex serrata* var.

호랑가시

- 과명: 감탕나무과
- 원산지: 중국
- 영명: Chinese Holly
- 학명: *Ilex cornuta* Lindley

태산목

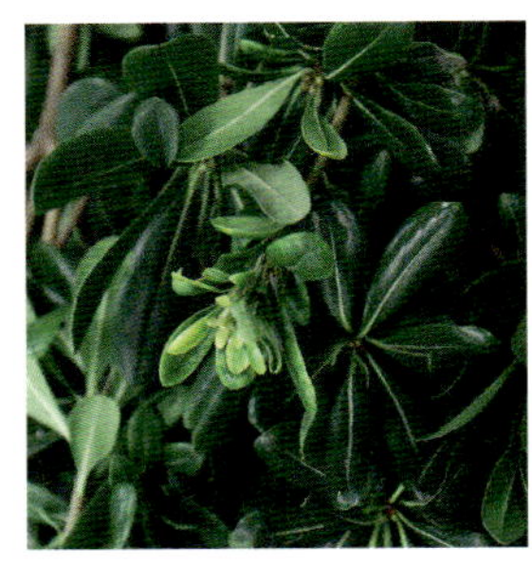

- 과명: 목련과
- 원산지: 중국,일본
- 영명: Bell Bay Tree
- 학명: *Mognolia grandiflora* Linnaeus

목련

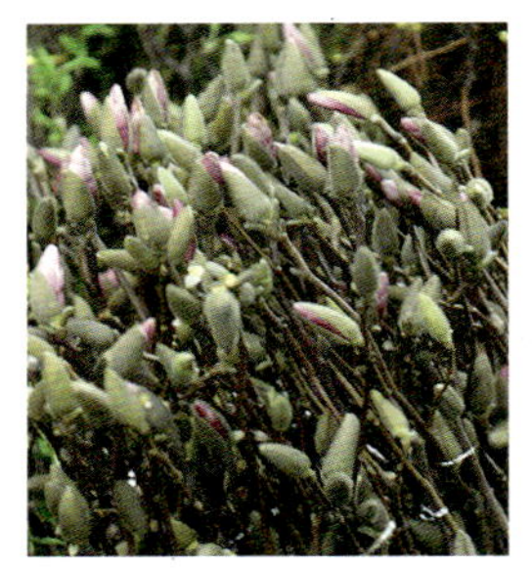

- 과명: 목련과
- 원산지: 중국
- 영명: Yulan Lily
- 학명: *Mognolia denudata* Desr.

남천

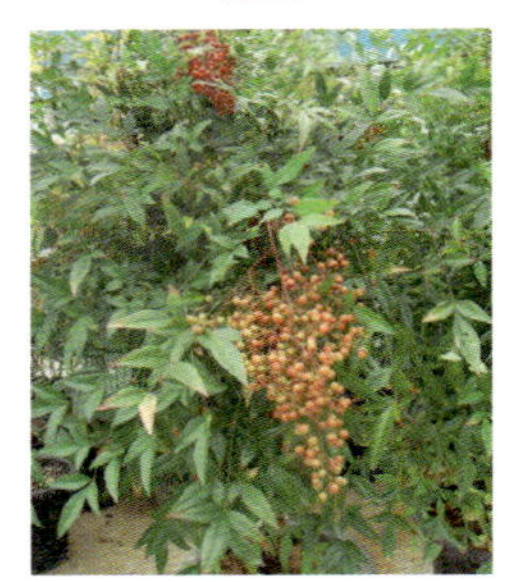

- 과명: 매자나무과
- 원산지: 동아시아
- 영명: Heavenly Bamboo
- 학명: *Nandina Domestica*

피라칸사스

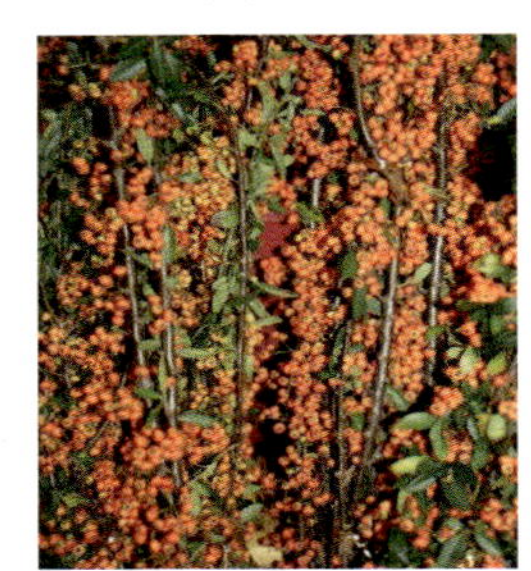

- 과명: 장미과
- 원산지: 한국, 유럽남부, 중국
- 영명: Angustifolius Firethorn
- 학명: *Paracantha angustifolia*

탱자나무

- 과명: 운향과
- 원산지: 중국
- 영명: Trifoliate orange.
- 학명: *Poncirus trifoliata*

소나무

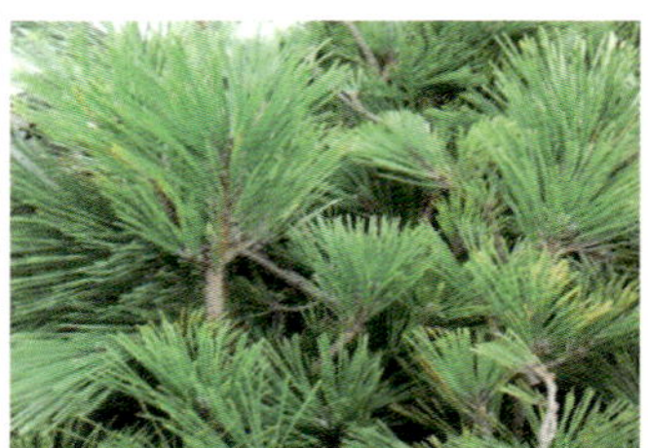

- 과명: 소나무과
- 원산지: 한국, 중국, 일본
- 영명: Japanese red pine
- 학명: *Pinus densiflora* Sieb.

홍가시나무

- 과명: 장미과
- 원산지: 일본
- 영명: Photinia glabra
- 학명: *Photinia glabra* Maxim

벚나무

- 과명: 장미과
- 원산지: 일본, 중국
- 영명: Japanese Cherry
- 학명: *Prunus yedoensis* Matsumura

매화나무

- 과명: 장미과
- 원산지: 중국, 일본
- 영명: Japanese Apricot
- 학명: *Prunus mume* Siebold

석류

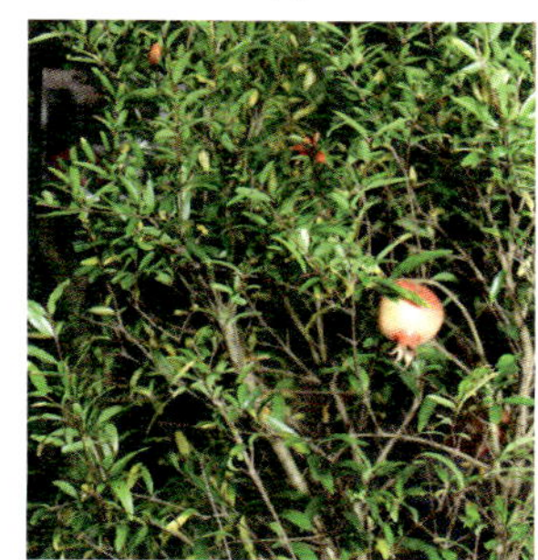

- 과명: 석류과
- 원산지: 소아시아
- 영명: Pomegranate
- 학명: *Punica granatum* Linne

용버들

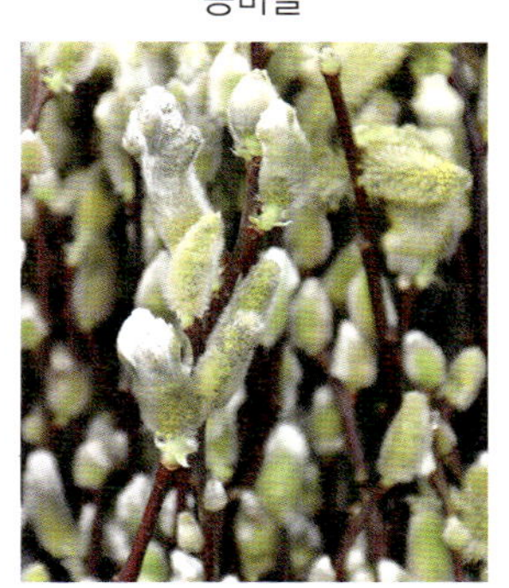

- 과명: 버드나무과
- 원산지: 중국북부
- 영명: Pekin Willow
- 학명: *Salix matsudana* G.

공조팝나무

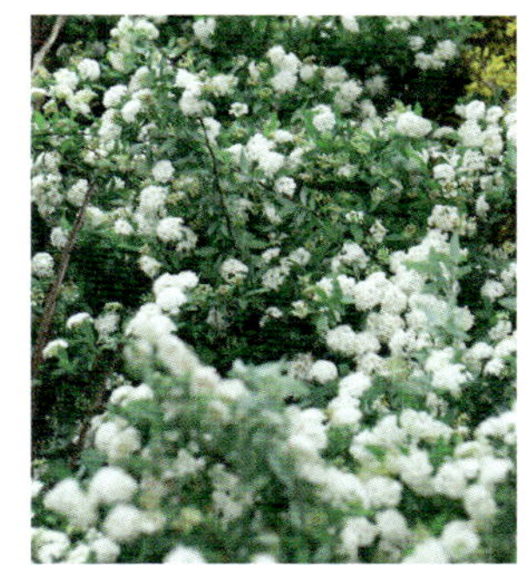

- 과명: 장미과
- 원산지: 한국, 중국
- 영명: –
- 학명: *Spiraea cantoniensis* Loureiro

주목

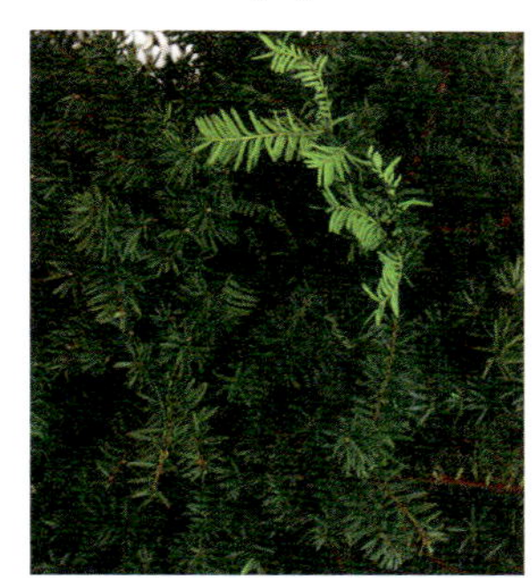

- 과명: 주목과
- 원산지: 한국
- 영명: Japanese Yew
- 학명: *Taxus cuspidata* S. et. Z

측백나무

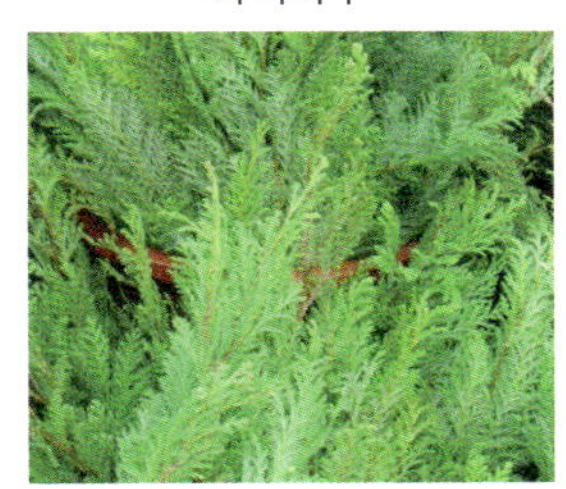

- 과명: 측백나무과
- 원산지: 한국
- 영명: Thuja
- 학명: *Thuja orientalis* L.

진달래

- 과명: 진달래과
- 원산지: 한국, 일본, 중국
- 영명: Korean Rhododendron
- 학명: *Rhododendron mucronulatym*

불두화

- 과명: 인동과
- 원산지: 중국, 일본
- 영명: Sargentii Viburnum
- 학명: *Viburnum Sargentii* Koehne

참고문헌

고하수, 1993, 한국의 꽃예술사 Ⅰ · Ⅱ, 하수출판사.

곽병화, 1995, 신제 가정원예, 향문사.

민경우, 1998, 디자인의 이해, 미진사.

박윤점 · 변미순 · 이윤주 · 이정민 · 이현주 · 정우윤, 2005, 화훼장식학, 위즈밸리.

서정남 · 경윤정 · 박천호, 2002, 원예와 함께하는 생활, 부민문화사.

송원섭, 1997, 건조화의 이론과 실제, 서일.

송채은 · 윤효순 · 장정은, 1996, 모던리빙플라워, 진솔.

이진민 · 서정호, 2004, 공간연출 디자인 꽃과 테이블, 도서출판 유니프(월간 플레르).

진미자, 1998, 화예디자인, 미진사.

장정은, 2007, 원예그린인테리어, 한국학술정보.

윤평섭 · 이화은 · 정혜인 · 나선영 · 김양희 · 문현선 · 변미순, 2005, 화훼장식 디자인 및 제작론, 위즈밸리.

양정인 · 박윤점 · 채상엽 · 허북구, 1997, 압화예술원론, 서원.

편집부, 2000, 배우기 쉬운 플라워디자인, 인사랑.

Beverly Clark, 1991, Wedding, Wilshire Pub.

Hunter, Norah T., 1994, The art of floral design, Delmar Publishers Inc., New York.

Jane Durbride, 1994, Wedding－bridal flower, Ryland peters & small.

Nizuma Nami, 1998, Flower arrangement Ⅰ · Ⅱ · Ⅲ, 유니프.

Mcbride－Mellinger, 2006, The perfect wedding reception, Harper collins.

Paula Pryke, 1994, Living color, Jaegui small.

Paula Pryke, 1995, wedding flowers, Rizzoli.

상명대학교 대학원 환경자원학과 원예전공 이학박사
국립한경대학교 원예학과 겸임교수·평생교육원 주임교수
상명대·중부대학교, 농촌여성경영기술대학 출강
jae garden & flower 대표

서울대학교 원예학과 농학박사
국립한경대학교 원예학과 교수
(사)한국원예학회 이사
(사)한국자원식물학회 편집위원
(사)한국화훼산업육성협회 편집위원

고려대학교 대학원 원예학과 농학박사
상명대학교 식물산업공학과 교수
한국실내조경협회 회장
한국자생식물협회 부회장

화훼장식의 이론과 실제

초판발행 | 2012년 3월 23일
초판인쇄 | 2012년 3월 23일

지 은 이 | 장정은 · 이창희 · 이규민
펴 낸 이 | 채종준
펴 낸 곳 | 한국학술정보(주)
주 소 | 경기도 파주시 문발동 파주출판문화정보산업단지 513-5
전 화 | 031) 908-3181(대표)
팩 스 | 031) 908-3189
홈페이지 | http://ebook.kstudy.com
E-mail | 출판사업부 publish@kstudy.com
등 록 | 제일산-115호(2000. 6. 19)

ISBN 978-89-268-3231-8 13520 (Paper Book)
978-89-268-3232-5 18520 (e-Book)

이담Books는 한국학술정보(주)의 지식실용서 브랜드입니다.